SÉRIES OU ÉLÉMENTS PROPORTIONNELS DE CONSTRUCTION — Pl. 1

Tableaux comparatifs des Pas et des Rampes proposés ou employés.

Série Ducommun

p = Pas
D = diam
$h = \frac{1}{2}\,\mathrm{tg}\,60° = 0,866\,p$
$d = D - 0,2\,p$
$l = 0,1\,p$

R = Rampe
$D' = D + 0,2\,p$
$h = \frac{2}{3}\,p = 0,666\,p$
$h'' = h - h' = 0,1\,p$
$\alpha = 60°$

Tableau des Pas

Chemins de fer français		Denis Poulot	Bodmer	Vignole		Whitworth		Ducommun	
D	p	p	p	D	p	D	p	D	p
3			0,6					3	0,50
4			0,8					4	0,75
5			0,83	5	1,4	4,7	1,088	5	0,75
6			0,83			6,4	1,220	6	1.
7		1,50	1,00					7	1,25
8	1,50	1,50	1,00	7,5	1,6	7,8	1,410	8	1,25
9		1,50	1,25					9	1,5
10	1,50	1,56	1,25	10	1,8	9,5	1,585	10	1,5
12	1,50	1,75	1,47			11,1	1,815	12	1,75
14		1,75	1,73	12,5	2,0	12,7	2,120		
15	2,00	2,00	1,73	19	2,2	15,9	2,309	15	2
18	2,00	2,00	2,00	17,5	2,4			18	2,5
20	3,00	2,50	2,50	20	2,6	19,1	2,540	20	2,5
23	2,50	2,50		22,5	2,8	22,2	2,820	23	3
24			2,78						
25	3,00	3,00		23	3,0	25,4	3,175	25	3
26			2,78						
28	3,00	3,00	3,125			28,6	3,629	28	3,5
30	3,00	3,50	3,125	30	3,4			30	3,5
32	3,00	3,50	3,58			31,8	3,629	32	3,5
34			3,58						
35	3,50	4,00		35	3,8	34,9	4,225	35	4
37								37	4
38	3,50	4,00	4,18			38,1	4,225		
40	4,00	4,50		40	4,2			40	4
42			4,18			41,3	5,080	42	4,3
45				45	4,6	44,5	5,080	45	4,5
46			5,00						
47						47,6	5,850	47	5
50		5,00		50	5	50,8	5,850	50	5
55				55	5,4			55	5
60				60	5,8			60	6
65				65	6,2			65	6
70				70	6,6			70	7
75				75	7,0			75	7
80				80	7,4			80	7

Série Ducommun

D	p	h	h'	h''	r	D'	d
3	0,5	0,333	0,43	0,05	0,05	3,10	2,33
4	0,75	0,5	0,64	0,07	0,03	4,15	3
5	0,75	0,5	0,64	0,07	0,07	5,15	4
6	1	0,666	0,86	0,1	0,1	6,2	4,58
7	1,25	0,83	1,08	0,12	0,12	7,25	5,33
8	1,25	0,83	1,08	0,12	0,12	8,25	6,33
9	1,50	1	1,29	0,15	0,15	9,30	7
10	1,50	1	1,29	0,15	0,15	10,30	8
12	1,75	1,16	1,51	0,17	0,17	12,36	9,65
15	2	1,33	1,73	0,2	0,2	15,40	12,33
18	2,5	1,66	2,16	0,25	0,25	18,50	14,58
20	2,5	1,66	2,16	0,25	0,25	20,5	16,68
23	3	2	2,59	0,3	0,3	23,6	13
25	3	2	2,59	0,3	0,3	25,6	21
26	3	2	2,59	0,3	0,3	26,6	24
30	3,5	2,33	2,93	0,35	0,38	30,7	25,24
32	3,5	2,33	2,93	0,38	0,38	32,7	27,34
35	4	2,66	3,46	0,4	0,4	35,8	29,88
37	4	2,66	3,46	0,4	0,4	37,8	31,68
40	4	2,66	3,46	0,4	0,4	40,8	34,68
42	4,5	3	3,80	0,45	0,45	42,9	36
45	4,5	3	3,89	0,45	0,45	45,9	39
47	5	3,33	4,33	0,5	0,5	48	40,34
50	5	3,33	4,33	0,5	0,5	51	46,34

Tableau des Rampes

Chem. de fer français	Jean Rulot	Bodmer	Vignole		Whitworth		Ducommun	
D	R	R	R	D	R	D	R	D	R
3		5,30						3	5,30
4		4,00						4	6,00
5		5,10		5	7,13	4,7	7,18	5	4,78
6		4,25				6,4	6,30	6	6,30
7	0,25	4,57		7,5	6,82			7	5,88
8	5,93	5,87	3,88			7,9	6,66	8	5,00
9		5,32	4,43					9	5,30
10	4,76	4,80	4,00	10	5,77	9,50	3,30	10	4,78
12	4,02	4,68	3,95	12,5	5,12	11,1	5,20	12	4,05
14		3,98	3,84			12,7	5,30		
15	4,25	4,25	3,87	19	6,66	15,8	4,81	15	4,25
18	3,55	3,54	3,55	17,5	4,38			18	4,43
20	3,20	3,80	3,99	20	4,15	13,1	4,24	20	3,98
23	3,47	3,47		22,5	3,97	22,2	4,05	23	4,15
24			3,55						
25	3,82	3,93		25	3,83	25,4	4,00	25	3,82
26			3,43						
28	3,42	3,42	3,57			28,6	4,05	28	3,61
30	3,18	3,72	3,30	30	3,61			30	3,72
32	2,85	3,33	3,41			31,8	3,62	32	3,48
34			3,27						
35	3,18	3,66		35	5,48	34,9	3,85	35	3,84
37								37	3,44
38	2,94	3,36	3,50			38,1	3,53		
40	3,20	3,60		40	3,35			40	3,21
42			3,17			41,3	3,92	42	3,41
45				45	3,20	44,5	3,80	45	3,10
46			3,19						
47						47,6	3,78	47	3,40
50		3,19		50	3,19	50,8	3,55	50	3,18
55				55	3,14			55	2,80
60				60	3,08			60	3,8
65				65	3,03			65	2,94
70				70	3,01			70	3,18
75				75	2,98			75	2,98
80				80	2,93			80	2,86

Filet rond

$c = f = h = \frac{1}{4}\,p$

$r = \frac{h}{2}$

Haut.r correspte de l'écrou : 1,25 D

Taraud mère

Section avec entailles en V (moins recommandée)

$D = 2h$

Tableau comparatif graphique des Pas proposés ou employés

Whitworth — Vignole — Bodmer — Poulot — Chemins de fer français — Ducommun

Filet carré

$c = f = \frac{1}{2}\,p$

$h = \frac{1}{10}\,p$

Haut.r correspte de l'écrou : 1,4 p

Taraud à la main

Section triangulaire (moins recommandée)

Filet trapézoïdal

$h = \frac{1}{2}(2 + 0,009\,D) = \frac{1}{2}\,p$

$D_1 = 0,31\,D = \ldots$

P = pression par centim.

Haut.r correspondte de l'écrou = D

pour que $P = 0,5$ au plus

Imp. de l'École Centrale et de la Société des Écoles d'Arts & Métiers — Dejey & Cie. 18, Rue de la Pirte. Paris

TARAUD.ALÉSEUR.COUSSINETS
Alésoirs - Tourne-à-gauche

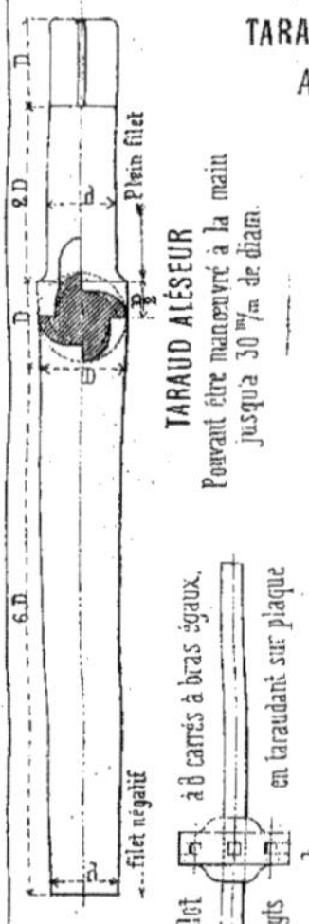

TABLEAUX

Donnant le poids des tiges, têtes, rondelles et écrous, et par suite celui des boulons.

Le premier de ces tableaux diffère très peu de celui de Mr HUSQUIN DE RHEVILLE

TARAUD ALÉSEUR
Pouvant être manœuvré à la main jusqu'à 30 m/m de diam.

Plein filet — filet négatif

Coussinets en deux pièces — à 8 carrés à bras égaux — en taraudant sur plaque — Tourne à gauche. Poulet garantissant les doigts

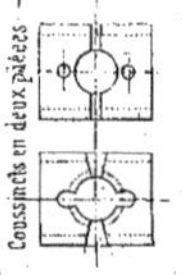

LUNETTE
ou filière simple

Employée pour taraudages de même diam.re exactement

ALÉSOIRS
pour dégrossir et finir

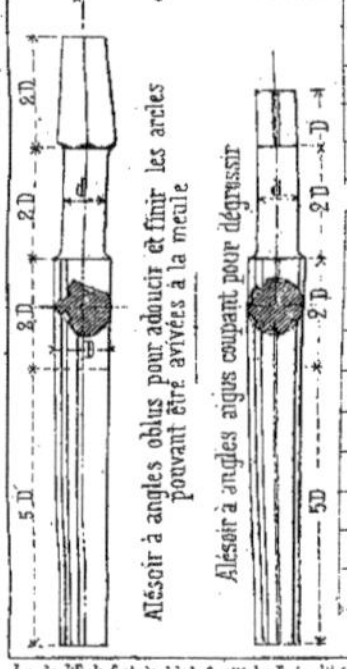

Alésoir à angles obtus pour adoucir et finir les arêtes pouvant être avivées à la meule

Alésoir à angles aigus coupant pour dégrossir

TOURNE-A-GAUCHE

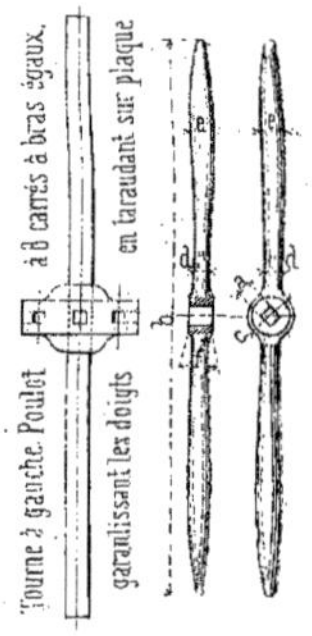

N°	a	b	c	d	e	f
1	4,5	200	18	8	12	10
2	6	200	18	8	12	10
3	8	300	24	12	18	14
4	11	450	32	15	22	18
5	15	600	45	18	26	22
6	19	750	48	20	30	26
7	23	900	56	22	32	28
8	26	1,050	65	24	34	30
9	36	1,200	74	25	36	32
10	34	1,350	82	26	38	34
11	38	1,500	88	28	40	36

TABLEAU
donnant approximativement le poids des écrous, rondelles et têtes de boulons

Diam. correspond.	Ecrou Poli	Ecrou brut	Rondelle polie	Rondelle brut	Tête carrée
6	0,006	0,010	0,003	0,005	0,006
8	0,011	0,016	0,005	0,008	0,011
10	0,018	0,026	0,009	0,012	0,020
12	0,027	0,040	0,012	0,015	0,031
15	0,048	0,070	0,020	0,028	0,056
18	0,073	0,104	0,027	0,038	0,089
21	0,102	0,147	0,036	0,046	0,134
24	0,161	0,222	0,045	0,057	0,201
27	0,221	0,278	0,066	0,083	0,282
30	0,281	0,381	0,079	0,101	0,365
34	0,402	0,503	0,008	0,120	0,526
38	0,528	0,709	0,142	0,181	0,710
42	0,701	0,888	0,170	0,206	0,945
46	0,874	0,141	0,232	0,287	0,202
50	1,122	0,436	0,270	0,302	1,544
55	1,469	1,898	0,369	0,442	2,035
60	1,868	2,310	0,477	0,581	2,609
65	2,344	2,902	0,559	0,668	3,357
70	2,925	3,541	0,713	0 860	4,073
75	3,572	4,384	0,897	1,032	4,982

Poids des fers ronds sur un décimètre de longueur
(On fait la moyenne pour les dimensions intermédiaires)

D.	Poids	D.	Poids	D.	Poids	D.	Poids	D.	Poids
1	0ᵏ0006	51	1,591	101	6,241	151	13,950	201	24.718
2	0,0024	52	1,654	102	6,365	152	14,136	202	24,965
3	0,0055	53	1,719	103	6,491	153	14,322	203	25,213
4	0,0098	54	1,784	104	6,617	154	14.510	204	25,462
5	0,0153	55	1,851	105	6,745	155	14,699	205	25,712
6	0.022	56	1,919	106	6,874	156	14,853	206	25,903
7	0,030	57	1,988	107	7,005	157	15,081	207	26,216
8	0,039	58	2,058	108	7,136	158	15,274	208	26,470
9	0,050	59	2.129	109	7,275	159	15,468	209	26,725
10	0,061	60	2,203	110	7,403	160	15,663	210	26,975
11	0,074	61	2,277	111	7,538	161	15,859	211	27,239
12	0,088	62	2,352	112	7,675	162	15,057	212	27,498
13	0,103	63	2,428	113	7,812	163	15,256	213	27,758
14	0,120	64	2,506	114	7,251	164	16,456	214	28.019
15	0,138	65	2,585	115	8,091	165	16,657	215	28,282
16	0,157	66	2,665	116	8,233	166	16,859	216	28,545
17	0,177	67	2,746	117	8,375	167	17,063	217	28,810
18	0,198	68	2,829	118	8,519	168	17,268	218	29,076
19	0,221	69	2,913	119	8,664	169	17,474	219	29,344
20	0,241	70	2,998	120	8,810	170	17,682	220	29,612
21	0,270	71	3,084	121	8,958	171	17,890	221	29,882
22	0,296	72	3,172	122	9,106	172	18,100	222	30,163
23	0,324	73	3,250	123	9,256	173	18,311	223	30,425
24	0,352	74	3,350	124	9,407	174	18,524	224	30,699
25	0,382	75	3,442	125	9,560	175	18,737	225	30,974
26	0.414	76	3,534	126	9,713	176	18,952	226	30,249
27	0,446	77	3,628	127	9,868	177	19,168	227	30.527
28	0,080	78	3,722	128	10,024	178	19,385	228	30,805
29	0,515	79	3,818	129	10,181	179	19,603	229	31,085
30	0,551	80	3,916	130	10,340	180	19,823	230	32,366
31	0,588	81	4,014	131	10,500	181	20,044	231	32,648
32	0,627	82	4,113	132	10,660	182	20,266	232	32,931
33	0,666	83	4,215	133	10,823	183	20,489	233	33,215
34	0,707	84	4,317	134	10,936	184	20,714	234	33,401
35	0,749	85	4,420	135	11,151	185	20,940	235	33,788
36	0,793	86	4,525	136	11,316	186	21,174	236	33,076
37	0,838	87	4,631	137	11,483	187	20,940	237	34,366
38	0,883	88	4,738	138	11,652	188	21,167	238	34,656
39	0,931	89	4,846	139	11,821	189	21,395	239	34,948
40	0,979	90	4,956	140	11,992	190	21,624	240	35,241
41	1,028	91	5,067	141	12,166	191	21,855	241	35,535
42	1,079	92	5,178	142	12,332	192	22,087	242	35,831
43	1,131	93	5,292	143	12,511	193	22,320	243	36,128
44	1,184	94	5,406	144	12,686	194	22,354	244	36,426
45	1,239	95	5,522	145	12,864	195	22,790	245	36,725
46	1,295	96	5,639	146	13,042	196	23,027	246	37,025
47	1,352	97	5,757	147	13,221	197	23,263	247	37,327
48	1,410	98	5,876	148	13,301	198	23,504	248	37,630
49	1,469	99	5,996	149	13,583	199	23,744	249	37,934
50	1,530	100	6,118	150	13,766	200	23,986	250	38,239

Imp. de l'École Centrale et de la Société des Écoles d'Arts à Killer   Dejey & Cⁱᵉ, 18, Rue de la Perle, Paris

DIAMÈTRES, ÉPAISSEURS DES TÔLES, RIVETS & RIVURES
de Chaudières à vapeur.

Les rivures ci-contre sont relativement les plus avantageuses. Elles dérivent d'expériences tenant compte de toutes les circonstances de construction. Leurs proportions diffèrent un peu de celles $d-1,5\ e + 4$ et $p-2\ d + 10$ (Armengaud et Reuleaux). Mais l'examen des divers tableaux ci-après, où se trouvent tous les éléments de construction et d'estimation d'une chaudière, montre qu'elles sont avantageuses en ce que le diamètre et le pas y ont été pris plus grands.

Le rapport de leur force à celle de la section en pleine tôle est de 0,65 pour la rivure simple et de 0,69 pour la rivure double. Le poinçon altérant la tôle sur une zône de $\frac{d}{2}$ autour du trou, en perçant au foret on augmenterait ce rapport de 7 p %.

Voir plus loin une série établie par une grande Maison de Construction de Paris.

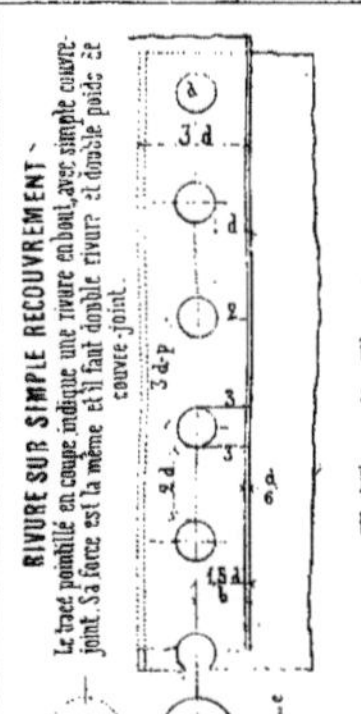

TRACÉ DES FEUILLES ET DES RIVURES
pour virôles côniques

$$\pi D = C\ (\text{Intérieur})$$
$$f = \frac{1}{4}\frac{PP'}{DL}$$
$$R = \frac{L^2}{2\,T}$$

PINCES
p.r l'assemblage avec les virôles voisines

FORMES & DIMENSIONS ORDre D'UN RIVET
avant et après la rivure
suivant l'épaiss.e de tôle.
P = Poids de 100 rivets. P'= Poids des 2 têtes de 100 rivets.

PROPORTIONNALITÉ & RÉSISTANCE DES RIVURES SIMPLES
ou doubles, sur une seule face ou à 2 couvre-joints et suivant le rapport du diam.e du rivet a l'ép.r de la tôle.

$\frac{d}{e}=$		1		1,5		2		2,5		3		4
N.e de tôles		1	2	1	2	1	2	1	2	1	2	1	2
Simple	P	1,65	2,26	2,31	4,33	4,51	7,03	6,43	10,35	8,65	14,31	14,05	24,11
	p	0,39	0,35	0,88	0,88	1,57	1,51	2,45	2,45	3,53	3,53	6,28	6,28
	r	0,39	0,58	0,52	0,65	0,56	0,72	0,61	0,76	0,65	0,79	0,72	0,83
Double	P	2,26	3,51	4,33	7,15	7,43	12,05	10,35	18,21	14,31	25,62	24,11	44,21
	p	0,79	0,79	0,77	0,72	3,14	3,14	4,91	4,91	7,07	7,07	12,57	12,57
	r	0,56	0,72	0,65	0,79	0,72	0,83	0,76	0,86	0,79	0,90	0,83	0,91

POIDS PAR M² DES TÔLES SUIV.t L'ÉP.r E.

E	Fer	Fonte	Laiton	Cuivre	Plomb	Zinc
1	7,79	7,24	8,51	8,79	11,38	6,86
2	15,58	14,49	17,02	17,58	22,70	13,72
3	23,36	21,73	25,52	26,36	34,06	20,58
4	31,15	28,97	34,03	35,15	45,41	27,44
5	38,94	36,22	42,54	43,94	56,76	34,31
6	46,73	43,46	51,05	52,72	68,11	41,17
7	54,52	50,70	59,50	61,52	79,46	48,03
8	62,30	57,94	68,06	70,30	90,82	54,89
9	70,09	65,19	76,57	79,09	102,17	61,75
10	77,88	72,43	85,08	87,88	113,52	68,61
11	85,67	79,67	93,59	96,67	124,88	75,47
12	93,46	86,92	102,10	105,46	136,22	82,33
13	101,24	94,16	110,60	114,24	147,58	89,19
14	109,03	101,40	119,11	123,03	158,93	96,05
15	116,82	108,65	127,62	131,82	170,28	102,92
16	124,61	115,89	136,13	140,61	181,63	109,78
17	132,40	123,13	144,64	149,40	192,98	116,64
18	140,18	130,37	153,14	158,18	204,34	123,50
19	147,97	137,62	161,65	166,97	215,69	130,36
20	155,76	144,86	170,16	175,76	227,04	137,22
21	163,55	152,10	178,67	184,55	238,39	144,08
22	171,34	159,35	187,18	193,34	249,74	150,94
23	179,12	166,59	195,68	202,12	261,10	157,80
24	186,91	173,83	204,19	210,91	272,45	164,60
25	194,70	181,08	212,70	219,70	283,80	171,53

ÉPAISSEURS
d'après le diamètre et le N.o du timbre.

D" Mét.	2	3	4	5	6	7	8
0,50	3,9	4,8	5,7	6,6	7,5	8,4	9,3
0,55	4,0	5	6	7	7,9	8,9	9,9
0,60	4,1	5,1	6,2	7,3	8,4	9,5	10,5
0,65	4,2	5,3	6,5	7,7	8,8	10	11,2
0,70	4,3	5,5	6,8	8	9,3	10,5	11,8
0,75	4,3	5,7	7	8,4	9,7	11,1	12,4
0,80	4,4	5,9	7,3	8,8	10,2	11,6	13,1
0,85	4,5	6,1	7,6	9,1	10,6	12,2	13,7
0,90	4,6	6,2	7,9	9,5	11,1	12,7	14,3
0,95	4,7	6,4	8,1	9,8	11,5	13,3	15
1,00	4,8	6,6	8,4	10,2	12	13,8	15,6
1,10	5	7	8,9	10,9	12,9	14,3	.
1,20	5,2	7,3	9,5	11,6	13,8	16	.
1,30	5,3	7,1	10	12,4	14,7	.	.
1,40	5,5	8	10,6	13,1	15,6	.	.
1,50	5,7	8,4	11,1	13,8	-	-	.
1,60	5,9	8,8	11,6	14,8	.	.	.
1,70	6,1	9,1	12,12	15,2	.	.	.
1,80	6,2	9,5	12,7	16	.	.	.
1,90	6,4	9,8	13,3	.	.	.	.
2,00	6,6	10,2	13,8	.	.	.	.

DIAMÈTRES
d'après les Ép.rs et le N.o du timbre.

E	2	3	4	5	6	7
4½	0,55	0,27	0,18	0,14	0,11	.
5	1,11	0,55	0,37	0,27	0,22	185
6	1,66	0,83	0,55	0,42	0,33	277
7	2,22	1,11	0,74	0,55	0,44	370
8	2,77	1,39	0,92	0,69	0,55	462
9	3,33	1,67	1,11	0,83	0,67	555
10	3,88	1,94	1,39	0,97	0,78	648
11	.	2,22	1,48	1,11	0,82	740
12	.	2,50	1,67	1,25	1,00	833
13	.	2,77	1,85	1,39	1,11	925
14	.	.	2,03	1,53	1,22	0,18
15	.	.	2,22	1,67	1,33	1,11

e	d	h'	d'	h"	d"	l	p	p	P	P'
3	8,5	5	15	7	17	13	27	45	1,28	0,81
4	10	6	18	8	20	22	30	50	2,25	1,43
5	11,5	7	21	9	23	27	33	55	3,52	2,11
6	13	8	23	10	26	31	36	59	5,16	3,03
7	14,5	9	26	12	29	35	39	64	7,27	4,41
8	16	10	29	13	32	38	42	68	9,92	6,04
9	17,5	11	32	14	35	42	46	73	13,08	7,84
10	19	11	34	15	38	47	48	77	16,88	9,87
11	20,5	12	37	16	41	51	51	82	21,34	13,22
12	22	13	40	18	44	55	54	86	26,52	15,12
13	23,5	14	42	19	47	59	57	91	32,50	18,22
14	25	15	45	20	50	64	60	95	39,23	22,98
15	26,5	16	48	21	53	68	63	100	47,00	27,25
16	28	17	50	22	56	72	66	104	55,63	32,57
17	29,5	18	53	24	59	76	69	109	65,29	37,40
18	31	19	55	25	62	80	72	113	75,91	42,5

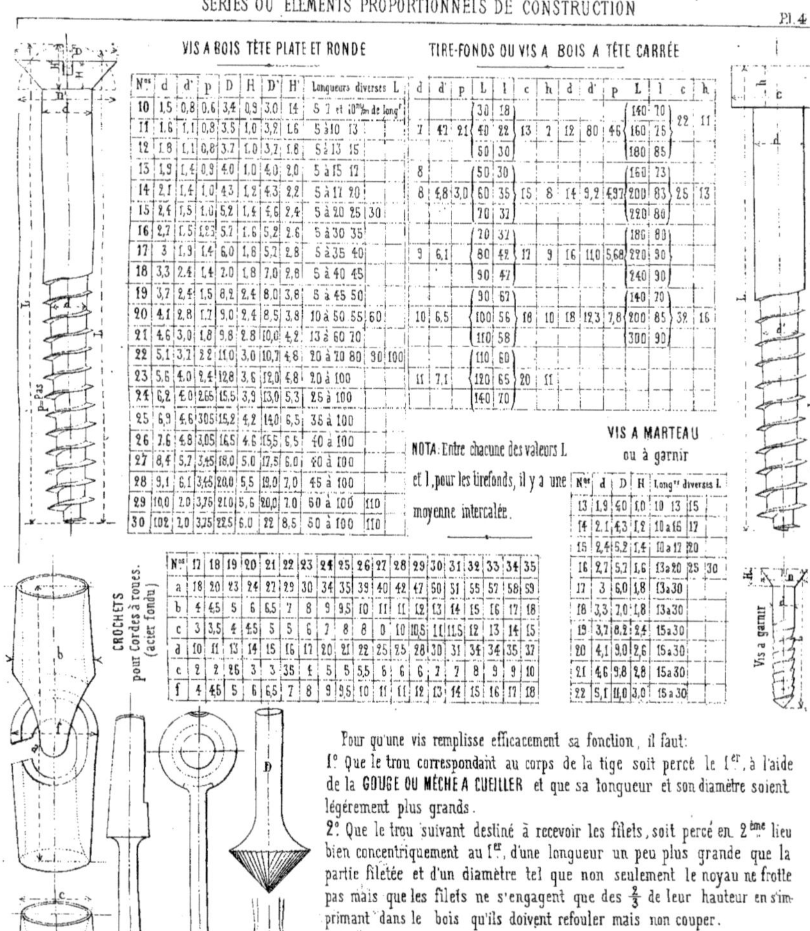

VIS A BOIS TÊTE PLATE ET RONDE

Nᵒˢ	d	d'	p	D	H	D'	H'	Longueurs diverses L
10	1,5	0,8	0,6	3,4	0,9	3,0	1,4	5 7 et 10ᵐ/ₘ de long'
11	1,6	1,1	0,8	3,5	1,0	3,2	1,6	5 à 10 13
12	1,8	1,1	0,8	3,7	1,0	3,7	1,8	5 à 13 15
13	1,9	1,4	0,9	4,0	1,0	4,0	2,0	5 à 15 17
14	2,1	1,4	1,0	4,3	1,2	4,3	2,2	5 à 17 20
15	2,4	1,5	1,0	5,2	1,4	4,6	2,4	5 à 20 25 30
16	2,7	1,5	1,25	5,7	1,6	5,2	2,6	5 à 30 35
17	3	1,9	1,4	6,0	1,8	5,2	2,8	5 à 35 40
18	3,3	2,4	1,4	7,0	1,8	7,0	2,8	5 à 40 45
19	3,7	2,4	1,5	8,2	2,4	8,0	3,8	5 à 45 50
20	4,1	2,8	1,7	9,0	2,4	8,5	3,8	10 à 50 55 60
21	4,6	3,0	1,8	9,8	2,8	10,0	4,2	13 à 60 70
22	5,1	3,7	2,2	11,0	3,0	10,7	4,8	20 à 70 80 90 100
23	5,6	4,0	2,4	12,8	3,6	12,0	4,8	20 à 100
24	6,2	4,0	2,65	15,5	3,9	13,0	5,3	25 à 100
25	6,9	4,6	3,05	15,2	4,2	14,0	6,5	35 à 100
26	7,6	4,8	3,05	16,5	4,6	15,5	6,5	40 à 100
27	8,4	5,7	3,45	18,0	5,0	17,5	6,0	40 à 100
28	9,1	6,1	3,45	20,0	5,5	19,0	7,0	45 à 100
29	10,0	7,0	3,75	21,0	5,6	20,0	7,0	50 à 100 110
30	10,2	7,0	3,75	22,5	6,0	22	8,5	50 à 100 110

TIRE-FONDS OU VIS A BOIS A TÊTE CARRÉE

d	d'	p	L	l	c	h
7	4,7	2,1	30	18	13	2
			40	22		
			50	30		
8	4,8	3,0	50	30	15	8
			60	35		
			70	37		
9	6,1		70	37	17	9
			80	42		
			90	47		
10	6,5		90	67	18	10
			100	56		
			110	58		
11	7,1		110	60	20	11
			120	65		
			140	70		

d	d'	p	L	l	c	h
12	8,0	4,6	140	70	22	11
			160	75		
			180	85		
14	9,2	4,97	160	73	25	13
			200	83		
			220	80		
16	11,0	5,68	186	80		
			220	90		
			240	90		
18	12,3	7,8	140	70	32	16
			200	85		
			300	90		

NOTA: Entre chacune des valeurs L et l, pour les tirefonds, il y a une moyenne intercalée.

CROCHETS pour Cordes à roues (acier fondu)

Nᵒˢ	17	18	19	20	21	22	23	24	25	26	27	28	29	30	31	32	33	34	35
a	18	20	23	24	27	29	30	34	35	39	40	42	47	50	51	55	57	58	59
b	4	4,5	5	6	6,5	7	8	9	9,5	10	11	11	12	13	14	15	16	17	18
c	3	3,5	4	4,5	5	5	6	7	8	8	9	10	10,5	11	11,5	12	13	14	15
d	10	11	13	14	15	16	17	20	21	22	25	25	28	30	31	34	34	35	37
e	2	2	2,6	3	3	3,5	4	5	5	5,5	6	6	6	7	7	8	9	9	10
f	4	4,5	5	6	6,5	7	8	9	9,5	10	11	11	12	13	14	15	16	17	18

VIS A MARTEAU ou à garnir

Nᵒˢ	d	D	H	Long.ʳ diverses L
13	1,9	4,0	1,0	10 13 15
14	2,1	4,3	1,2	10 à 16 17
15	2,4	5,2	1,4	10 à 12 20
16	2,7	5,7	1,6	13 à 20 25 30
17	3	6,0	1,8	13 à 30
18	3,3	7,0	1,8	13 à 30
19	3,7	8,2	2,4	15 à 30
20	4,1	9,0	2,6	15 à 30
21	4,6	9,8	2,8	15 à 30
22	5,1	11,0	3,0	15 à 30

Pour qu'une vis remplisse efficacement sa fonction, il faut:

1° Que le trou correspondant au corps de la tige soit percé le 1er, à l'aide de la **GOUGE OU MÈCHE A CUEILLER** et que sa longueur et son diamètre soient légèrement plus grands.

2° Que le trou suivant destiné à recevoir les filets, soit percé en 2ème lieu bien concentriquement au 1er, d'une longueur un peu plus grande que la partie filetée et d'un diamètre tel que non seulement le noyau ne frotte pas mais que les filets ne s'engagent que des $\frac{2}{3}$ de leur hauteur en s'imprimant dans le bois qu'ils doivent refouler mais non couper.

On graisse généralement les vis autant pour prévenir la rouille que pour faciliter leur pose et au besoin leur extraction.

Quand la vis est placée dans du bois en bout le trou inférieur est plus grand et les filets moins engagés encore, de manière à refouler les fibres en s'y imprimant sans les couper. La longueur filetée devra être relativement plus grande.

Dans le bois tendre la pose d'une vis est toujours facile, même quand le seul 1er trou est percé à la vrille (B)

Le tourne-vis (C) doit épouser exactement la fente de la tête, être d'une trempe ferme, sans toutefois s'égrener trop promptement.

La fraise D, sert indifféremment au bois ou au métal, mais elle est différemment taillée. Elle exige l'emploi du vilebrequin, comme la gouge, et quelques fois le tourne-vis

Têtes de boulons ayant une Tige.

Tête carrée

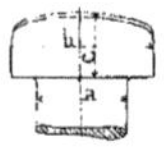

a =	8	10	12	15	18	20	23	25	28	32	35
b = 1,6 de a =	14	16	20	24	28	32	36	40	44	48	36
c = 0,7 de a =	6	7	8	10	12	14	16	17	19	21	25

Tête carrée encastrée.

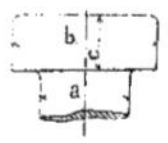

b = 1,60 de a =	14	16	20	24	28	32	36	40	44	48	56
c = 0,7 de a =	5	6	7	9	11	12	14	15	17	18	21

Tête à 6 pans.

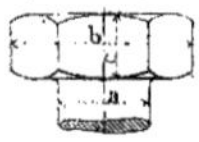

b = 2 a =	16	20	24	30	36	40	46	50	56	60	70
c = 0,7 de a =	6	7	8	10	12	14	16	17	19	21	25

Tête cylindrique.

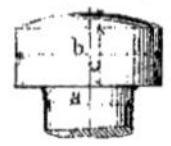

b = 1,6 de a =	14	16	20	24	28	32	36	40	44	48	56
c = 0,6 de a =	5	6	7	9	11	12	14	15	17	18	21

Tête carrée reposant sur bois.

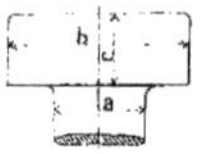

b = 2 a =	16	20	24	30	26	40	46	50	56	60	70
c = 0,75 de a =	6	8	9	12	14	15	18	19	21	22	26

Tête en goutte de suif.

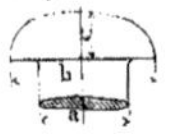

b = 1,6 de a =	14	16	20	24	28	32	36	40	44	48	56
c = 0,5 de a =	4	5	6	8	9	10	12	13	14	15	17

Tête sphérique.

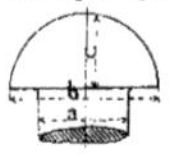

b = 1,6 de a =	14	16	20	24	28	32	36	40	44	48	56
c = 0,8 de a =	7	8	10	12	14	16	18	20	22	24	28

Tête conique.

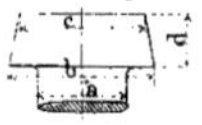

b = 1,6 de a =	14	16	20	24	28	32	36	40	44	48	56
c = 1,4 de a =	11	14	17	20	23	27	30	35	38	42	49
d = 0,6 de a =	5	6	7	9	11	12	14	15	17	18	21

Tête fraisée.

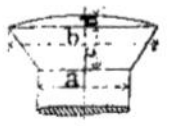

b = 1,70 de a =	14	17	20	25	30	34	39	42	47	51	60
c = 0,5 de a =	4	5	6	7	9	10	11	12	14	15	17
d =	1	1	1	2	2	2	3	3	4	5	6

Tête de boulons pour wagons.

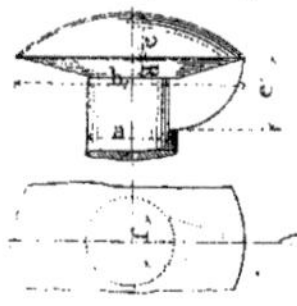

b	25	30	35	38	40
c	5	5	6	8	8
d	2	2	2	2	2
c	75	8	10	10	10
f	5	7	8	9	9

Les têtes carrées des boulons encastrés sur du fer, sont plates et d'une hauteur plus faible de 1/7 de c

Les têtes non carrées ont des ergots.

Dejey & Cie, 18, Rue de la Perle. Paris

Imp. de l'Ecole Centrale et de la Société des Ecoles d'Arts & Métiers

ÉCROUS ET RONDELLES

Types pour un diam.de tige=10%m

Rondelle sur fer

Rondelle sur bois

écrou haut

écrou ordinaire

écrou bas

Pas	Diamètre				Hauteur de l'écrou			Rondelles sur fer			sur fer		
	sur le filet	au fond du filet	inscrit	circ^t	Haut	Ord^{re}	Bas	Diam. intér.	Diam. extér	Ep^r	Diam. intér.	Diam. extér.	Ep^r
1,5	5	8	14	16	12	8	5	8	22	2,5	8	20	2
1,5	7	10	17	20	15	10	7	10	28	3	10	24	2
1,5	9	12	21	24	18	12	8	12	34	3,3	12	28	3
2	11	15	26	30	22	15	10	15	42	4	15	35	3
2	14	18	31	30	27	18	12	18,5	50	5	18,5	42	4
2	16	20	34	40	30	20	14	20,5	55	5	20,5	45	4
2,5	18	23	40	46	35	23	16	23,5	64	6	23,5	54	5
3	19	25	43	50	38	25	17	25,5	68	6	25,5	58	5
3	22	28	48	56	42	28	19	29	76	7	29	66	6
3	24	30	52	60	45	30	20	31	82	8	31	72	7
3,5	25	32	54	64	48	32	22	33	88	9	33	80	8

NOTA - r = 0,3 a, R = sensiblement 2 a. — L'écrou haut s'emploie généralement pour presse-étoupe, l'écrou bas comme contre-écrou
La hauteur de l'écrou bas est la même que celle des têtes (v Pl.23 considérations sur la force des écrous.)

RIVETS

Rivets à tête cylindrique

a	10	12	14	16	18	20	23
b	16	19	23	26	28	32	37
c	4	5	6	7	8	9	10

Rivets à tête sphérique

a	10	12	14	16	18	20	23
b	18	21	25	28	30	34	39
c	7	8	10	11	12	14	16

Rivets à tête conique

a	16	18	20	23
b	32	36	40	46
c	12	13	15	17
d	6	6	7	8

Rivets à tête fraisée

a	8	10	12	15	18	20	23	25	28	30
b	14	16	20	24	28	32	36	40	44	46
c	3	4	5	6	7	8	9	10	11	12
d	2	2	2	3	3	4	4	5	6	6

Rivets de chaudronnerie pour ponts et charpentes

a	5	7	8	9	10	11	12	13	14	15	16	17	18	19	20	21	22	23	24	25
b	8	11	13	14	16	17	19	21	22	25	26	27	29	31	32	34	35	37	38	40
c	3	4	4	5	5	6	7	7	8	8	9	9	10	10	11	12	12	13	13	14

N — Voyez plus loin les rivets et rivures pour chaudières à vapeur et pl.3.

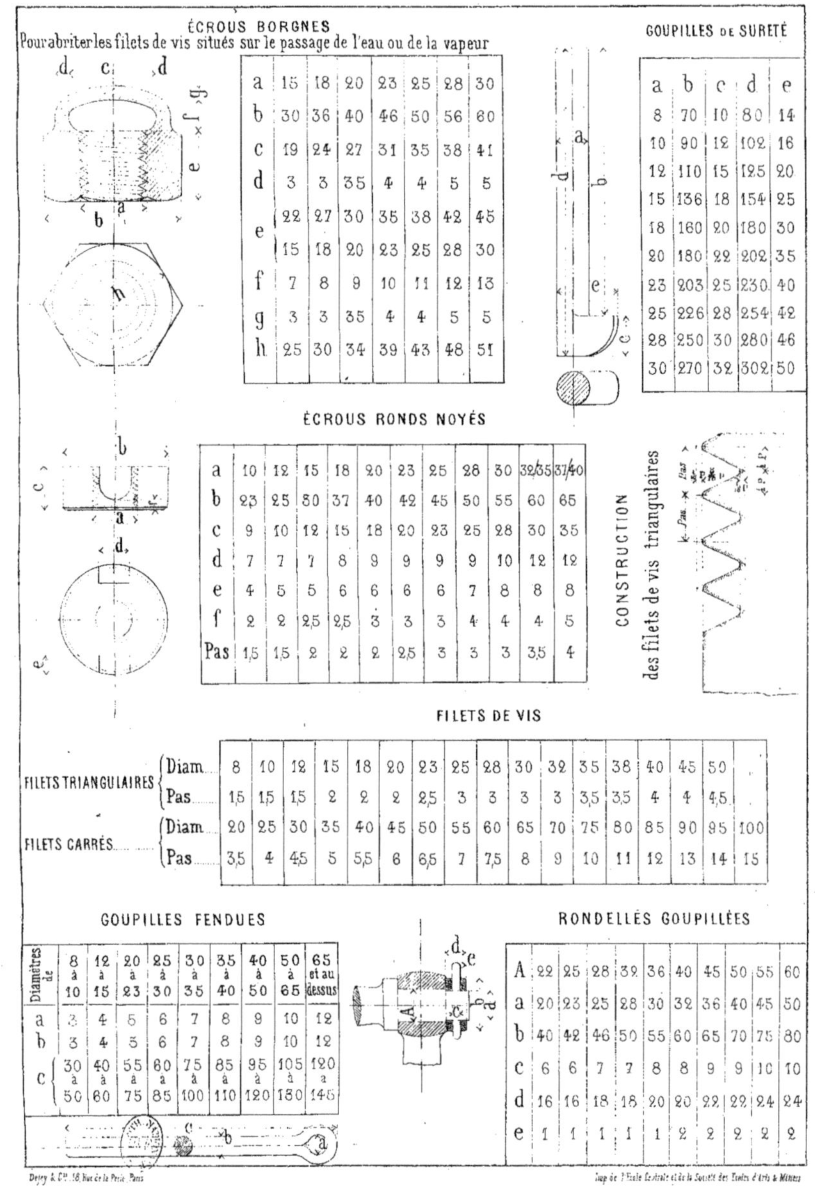

ÉCROUS BORGNES
Pour abriter les filets de vis situés sur le passage de l'eau ou de la vapeur

a	15	18	20	23	25	28	30
b	30	36	40	46	50	56	60
c	19	24	27	31	35	38	41
d	3	3	3.5	4	4	5	5
e	22	27	30	35	38	42	45
e	15	18	20	23	25	28	30
f	7	8	9	10	11	12	13
g	3	3	3.5	4	4	5	5
h	25	30	34	39	43	48	51

GOUPILLES DE SURETÉ

a	b	c	d	e
8	70	10	80	14
10	90	12	102	16
12	110	15	125	20
15	136	18	154	25
18	160	20	180	30
20	180	22	202	35
23	203	25	230	40
25	226	28	254	42
28	250	30	280	46
30	270	32	302	50

ÉCROUS RONDS NOYÉS

a	10	12	15	18	20	23	25	28	30	32/35	37/40
b	23	25	30	37	40	42	45	50	55	60	65
c	9	10	12	15	18	20	23	25	28	30	35
d	7	7	7	8	9	9	9	9	10	12	12
e	4	5	5	6	6	6	6	7	8	8	8
f	2	2	2.5	2.5	3	3	3	4	4	4	5
Pas	1.5	1.5	2	2	2	2.5	3	3	3	3.5	4

CONSTRUCTION des filets de vis triangulaires

FILETS DE VIS

FILETS TRIANGULAIRES	Diam.	8	10	12	15	18	20	23	25	28	30	32	35	38	40	45	50
	Pas	1.5	1.5	1.5	2	2	2	2.5	3	3	3	3	3.5	3.5	4	4	4.5

FILETS CARRÉS	Diam.	20	25	30	35	40	45	50	55	60	65	70	75	80	85	90	95	100
	Pas	3.5	4	4.5	5	5.5	6	6.5	7	7.5	8	9	10	11	12	13	14	15

GOUPILLES FENDUES

Diamètres de	8 à 10	12 à 15	20 à 23	25 à 30	30 à 35	35 à 40	40 à 50	50 à 65	65 et au dessus
a	3	4	5	6	7	8	9	10	12
b	3	4	5	6	7	8	9	10	12
c	30 à 50	40 à 60	55 à 75	60 à 85	75 à 100	85 à 110	95 à 120	105 à 130	120 à 145

RONDELLES GOUPILLÉES

A	22	25	28	39	36	40	45	50	55	60
a	20	23	25	28	30	32	36	40	45	50
b	40	42	46	50	55	60	65	70	75	80
c	6	6	7	7	8	8	9	9	10	10
d	16	16	18	18	20	20	22	22	24	24
e	1	1	1	1	1	2	2	2	2	2

BOULONS DE FONDATIONS

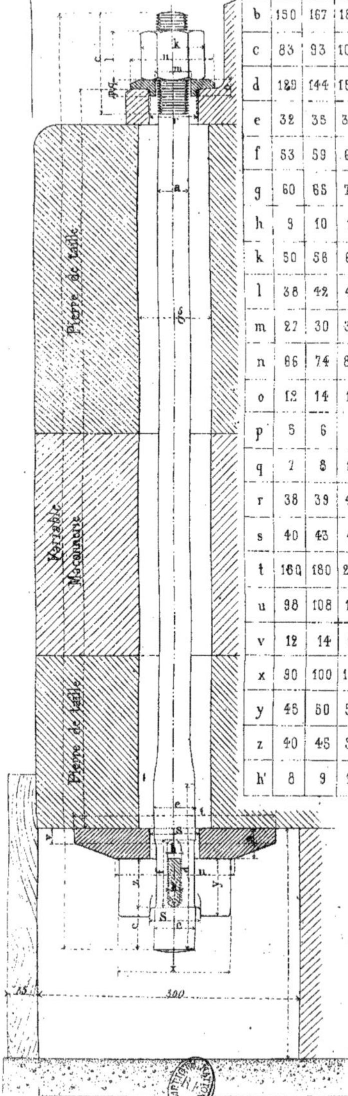

a	26	28	30	32	35	38	40	45	50	55	60	65	70	75	80	85	90
b	150	167	183	196	214	232	246	273	304	330	365	400	433	468	501	531	562
c	83	93	100	108	117	128	134	150	166	183	200	213	232	240	260	275	280
d	129	144	156	167	183	198	210	232	259	281	312	343	374	405	430	470	518
e	32	35	38	40	44	47	50	56	62	68	73	84	90	95	105	111	118
f	53	59	66	72	79	86	92	99	112	118	131	144	160	175	186	193	198
g	60	65	70	75	80	85	90	95	106	110	120	130	135	140	150	150	118
h	9	10	11	12	14	15	16	17	19	20	22	24	26	28	30	31	32
k	50	56	60	64	70	76	80	90	100	110	120	130	140	150	160	170	180
l	38	42	48	48	52	57	50	68	75	82	90	97	105	112	120	128	135
m	27	30	32	34	38	41	42	48	54	59	64	69	75	80	86	92	98
n	66	74	80	86	94	102	108	120	135	146	160	174	188	202	216	228	240
o	12	14	16	17	18	20	20	22	24	26	30	34	38	42	44	46	48
p	5	6	6	7	7	8	8	8	9	9	11	13	15	17	18	19	20
q	7	8	10	10	11	12	12	14	15	17	19	21	23	25	26	27	28
r	38	39	42	45	49	52	55	62	68	74	82	90	97	105	110	118	125
s	40	43	46	49	55	57	60	67	73	80	88	96	104	112	120	128	135
t	160	180	200	220	240	260	280	300	320	340	360	390	430	470	510	545	576
u	98	108	114	122	134	143	150	168	184	202	220	238	254	275	290	305	318
v	12	14	15	17	17	19	20	22	25	28	30	32	34	35	36	38	40
x	90	100	106	113	125	133	140	157	173	190	208	225	240	260	275	288	300
y	46	50	56	61	67	73	78	84	95	106	111	122	134	146	156	162	168
z	40	45	50	55	60	65	70	75	85	90	100	110	120	130	140	145	150
h'	8	9	10	11	12	13	14	15	17	18	20	22	24	26	28	29	30

La longueur totale du boulon s'obtient en ajoutant au serrage, la cote fictive b qui comprend les valeurs a.z.e.i et la marge.

Le tracé h h' est fictif et n'est indiqué que pour montrer l'ép.' de la clavette et son jeu

Au-dessus de 50 $^m/_m$ environ de diamètre à la tige on fait généralement les filets carrés, bien que l'on ait aujourd'hui une préférence marquée pour les filets triangulaires. La partie filetée C est plus longue quand on serre sur du bois.

(*Voir Pl.1 une étude sur les filets.*)

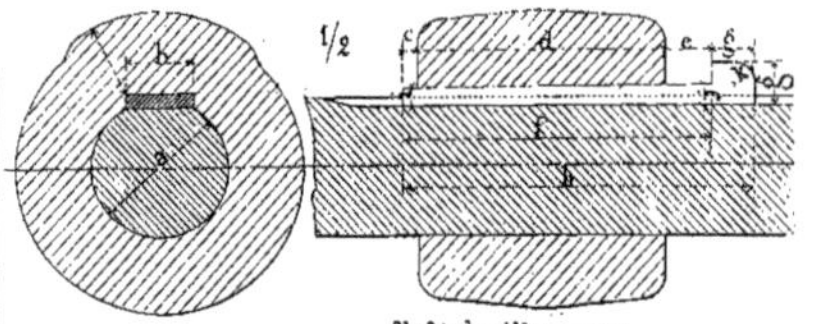

1/2

Clef à douilles pour manchons

aux 3/10

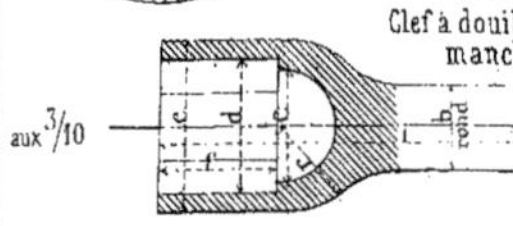

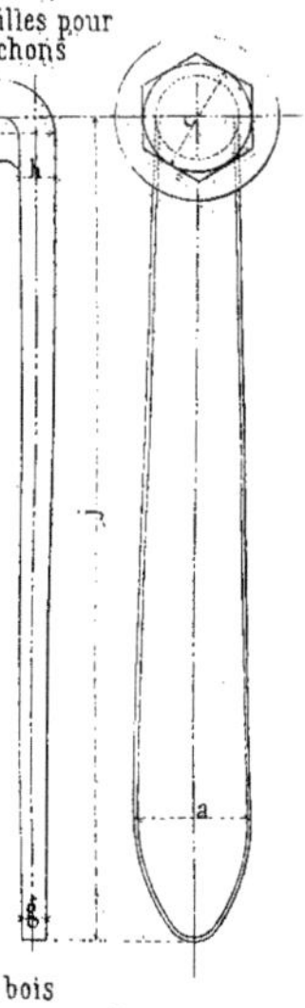

Manchons de	40 à 45	50 à 55	60 à 65	70 à 75	80 à 110
a	30	35	38	40	45
b	20	25	28	30	35
c	25	31	34	39	43
d	30	36	40	46	50
c	38	46	50	56	62
f	30	36	40	46	50
g	6	7	8	9	10
h	9	10	11	12	13
i	100	110	120	130	150
j	230	270	310	350	400

Clefs à manche en bois
Pour Robinets purgeurs et réchauffeurs

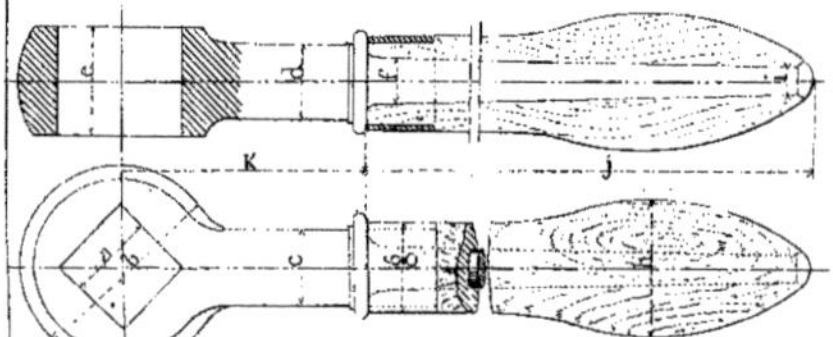

1/1

Diamt des robinets	a	b	c	c	f	g	h	i	d	j	k
5	10	22	8	12	5	10	16	3	8	60	25
8	12	26	10	15	5	10	16	3	10	70	30
10	14	30	12	18	7	14	20	4	12	80	40
15	16	35	14	21	8	16	23	4	13	90	50
20	18	40	16	24	9	19	26	5	14	100	60
25	20	45	18	26	10	21	30	5	15	110	70
30	22	50	18	28	11	24	34	6	16	120	80
35	24	55	[illegible]	[illegible]	12	27	38	6	17	130	90

Calages avec plat sur l'arbre

a	b	c	d	e	f	q	h	i	j	k
20	10	3	40	8	51	6,5	58	3	35	3
25	12	3	48	9	60	8	68	3,5	4	4
*30	15	3	55	10	68	9	77	4	5	4
35	18	4	63	12	79	10	79	4,5	55	5
40	20	4	70	13	87	11	87	5	6	5
45	22	4	78	14	96	12	96	5,5	65	6
50	25	5	86	16	107	13	120	6	7	6
55	28	5	94	17	116	15	131	7	8	7
60	30	5	101	18	124	16	140	7,5	9	8
65	32	6	109	20	133	17	152	8	95	8
70	35	6	116	21	143	19	162	9	10	9
75	38	6	125	22	153	20	173	9,5	11	10
80	40	7	132	23	162	22	184	10	115	10
85	42	7	140	24	171	23	194	10,5	12	11
90	45	7	148	26	181	24	205	11	13	11
95	48	8	155	27	190	25	215	11,5	13,5	12
100	50	8	166	28	199	26	225	12	14	12
105	52	8	170	30	208	28	236	13	15	13
110	55	9	178	31	218	29	247	13,5	13,5	14
115	58	9	186	32	227	30	257	14	16,5	14
120	60	9	194	33	236	31	267	14,5	17	15
125	62	10	202	34	246	32	278	15	17,5	15
130	65	10	210	36	256	34	290	15,5	18	16
135	68	10	218	38	266	35	301	16	18,5	16
140	70	11	225	39	275	37	312	17	20	17
145	72	11	233	40	284	38	322	17,5	20,5	18
150	75	11	240	41	292	39	331	18	21	18
160	80	12	252	44	308	41	349	19	22	19
170	85	12	264	46	322	43	365	20	23	20
180	90	13	276	49	338	46	384	21,5	25	22
190	95	13	288	52	353	50	403	23	26,5	23
200	100	14	300	54	368	52	420	24	27,5	24
210	105	14	312	56	382	54	436	25	29	25
220	110	15	324	59	398	56	454	26	30	26
230	115	16	336	62	414	58	472	27	31	27
240	120	16	348	64	428	60	488	28	32	28
250	125	17	360	67	444	65	509	30	34,5	30
260	130	18	372	69	459	67	520	31	36	31
270	135	18	384	72	474	69	543	32	37	32
280	140	19	396	75	490	71	561	33	38	33
290	145	20	408	77	505	73	578	34	39	34
306	150	20	420	80	520	75	595	35	40	35

Dejey & Cie. 18, Rue de la Perle, Paris

Imp. de l'Ecole Centrale et de la Société des Ecoles d'Arts & Métiers

MOYEUX ET CLAVETAGES

Quand l'alésage est au diam. de contact
comme 1 : 6 ' on fait ..... i = 1,2 a
de 1 : 6 à 1 : 10 ..... i = 1,3 a
de 1 : 10 à 1 : 15 ..... i = 1,5 a
au tableau i varie de ..... 2 a à 1,4 a
suivant le diamètre.

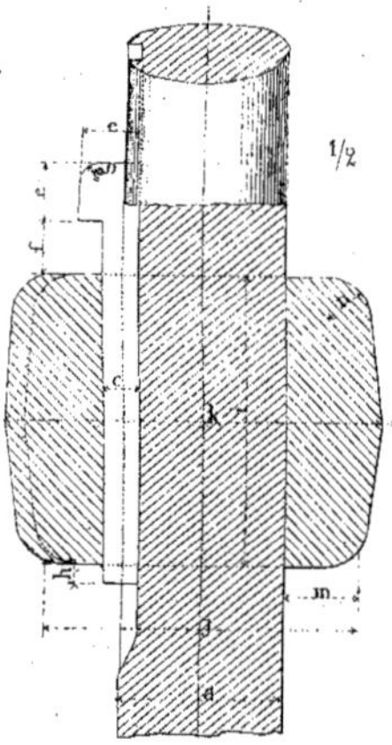

1/2

NOTA : Quand les pièces ne font subir
aux arbres qu'un faible effort de torsion
(balanciers, excentriques roues de régulateurs)
les cotes b.c.d. sont remplacées par les cotes
b'. c'. d'. correspondantes

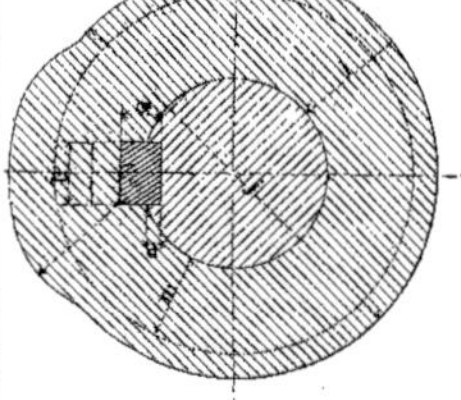

Le cône des clavettes est
généralement de 1 m/m par
décimètre.

*Cette série a plusieurs
colonnes semblables à celle
de la pl. 9*

a	b	b'	c	c'	d	d'	e	f	g	h	i	j	k	l	m	n
20											40	46	50	15	13	5
25											46	55	60	17,5	15	5
30											55	64	69	19,5	17	6
38											63	72	78	21,5	18,5	7
40	13	13	9	9	3,5	3,5	14	13	5	4	70	81	88	24	20,5	8
45	14	14	10	10	3,5	3,5	15	14	5	4	78	90	98	26,5	22,5	8
50	15	14	11	10	4	3,5	17	16	6	5	86	99	108	29	24,5	9
55	16	15	12	11	4,5	4	18	17	6	5	94	108	117	31	26,5	10
60	17	15	12	11	4,5	4	18	18	6	5	100	116	126	33	28	11
65	18	16	13	12	4,5	4,5	20	20	7	6	110	126	136	35,5	30	11
70	19	16	14	12	5	4,5	21	21	7	6	116	134	146	38	32	12
75	20	17	14	12	5	4,5	21	22	7	6	125	144	156	40,5	34,5	13
80	21	18	15	13	5	4,5	23	23	8	7	132	152	165	42,5	36	14
85	22	18	16	13	6	4,5	24	24	8	7	140	161	175	45	38	15
90	23	19	17	14	6	5	25	26	9	7	148	169	184	47	39,5	15
95	24	20	17	14	6	5	26	27	9	8	155	179	194	49,5	42	16
100	25	20	18	14	6	5	28	28	10	8	163	188	204	52	44,5	17
105	26	21	19	15	7	5	29	29	10	8	170	196	213	54	45,5	18
110	27	22	19	16	7	6	30	31	11	9	175	204	222	56	47	18
115	28	22	20	16	7	6	31	32	11	9	186	213	232	58,5	49	19
120	29	23	21	17	8	6	33	33	12	9	194	233	242	61	51,5	20
125	30	24	22	17	8	6	34	34	12	10	202	232	252	63,5	53,5	21
130	31	24	23	17	9	6	36	36	13	10	210	240	261	65,5	55	21
135	32	25	24	18	9	6	37	38	13	10	218	249	271	68	57	22
140	33	26	25	19	9	7	39	39	14	11	225	258	280	70	59	23
145	34	26	26	19	9	7	40	40	14	11	233	267	290	72,5	61	24
150	36	27	27	19	10	7	42	42	15	11	240	276	300	75	63	25
160	38	28	28	20	10	7	44	44	16	12	252	291	318	78	65,5	26
170	40	29	29	21	10	8	46	46	17	12	264	306	332	81	68	27
180	42	30	30	22	11	8	48	49	18	13	276	322	350	85	71	28
190	44	31	32	23	12	9	51	52	19	13	288	337	366	88	73,5	29
200	46	32	34	24	12	9	54	54	20	14	300	352	382	91	76	30
210	48	33	35	25	12	9	56	59	21	14	312	368	400	95	79,5	31
220	50	34	36	26	13	9	58	59	22	15	324	384	416	98	82	32
230	52	34	38	26	14	9	61	62	23	15	336	400	434	102	85	34
240	54	36	40	27	14	10	64	64	24	16	348	415	450	105	87,5	35
250	56	36	42	27	15	10	67	67	25	17	360	430	465	108	90	36
260	58	38	43	28	16	10	69	69	26	18	372	445	482	111	92,5	37
270	60	40	44	28	16	10	71	72	27	18	384	462	500	115	96	38
280	62	42	45	30	16	11	73	75	28	18	396	476	516	118	98	39
290	64	44	46	32	16	12	75	77	29	20	408	492	532	121	101	40
300	66	46	48	34	17	12	78	80	30	20	420	508	550	124	104	41

Dejey & Cie, 13, Rue de la Perle, Paris

Imp. de l'École Centrale et de la Société des Écoles d'Arts & Métiers

SÉRIES OU ÉLÉMENTS PROPORTIONNELS DE CONSTRUCTION

Douilles clavetées

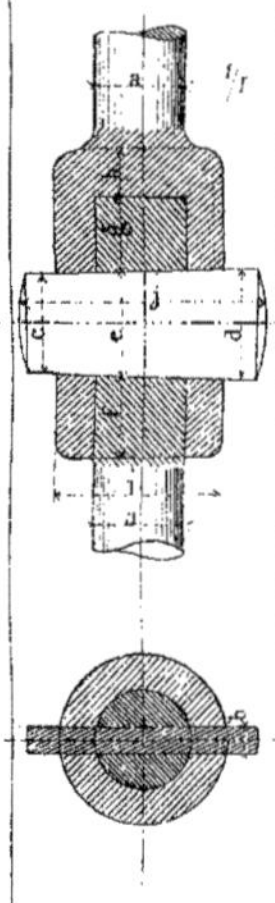

	a	b	c	d	e	f	q	h	i	j
×	10	3	10,5	11,5	11	9	8	5	18	25
	12	4	13,5	14,5	14	12	10	6	22	28
	14	5	15,5	16 5	16	15	12	7	26	32
	16	6	18.5	19,5	19	17	14	8	30	35
	18	7	20.5	21,5	21	19	16	9	34	40
	20	7	22 5	23 5	23	21	17	10	37	45
	23	8	23,5	26 5	26	23	20	10	41	50
	25	8	27.5	28 5	28	25	22	11	44	55
	28	9	29,5	3,05	30	29	24	12	48	60
	30	9	32,5	33 5	33	31	25	13	51	65
	33	10	35,5	37 5	37	34	28	14	55	70
	35	10	37,5	38 5	38	36	29	14	58	75
	38	11	39 5	40 5	40	38	30	15	62	80
	40	11	41 5	42 5	42	40	31	16	67	90
	43	12	43	45	44	41	32	18	73	100

a	b	c	d	c	f	g	h	i	j
48	13	45	47	46	42	33	19	80	110
53	14	47	49	48	44	35	20	87	115
58	15	50	54	52	48	38	21	94	120
63	16	54	58	56	52	40	23	101	130
68	17	58	63	60	56	42	24	108	140
73	18	62	67	64	60	45	26	117	150
78	19	66	71	68	63	47	27	124	160
83	20	70	75	72	65	50	29	131	170
88	21	74	79	76	72	54	30	135	180
93	22	78	83	80	74	56	31	145	195
98	23	82	87	84	78	58	33	152	210
103	24	85	92	88	80	60	34	159	220
108	25	89	96	92	87	62	36	166	230
113	26	93	100	96	90	65	38	175	240
118	28	97	105	100	94	68	40	184	250

Bagues

à Vis de serrage

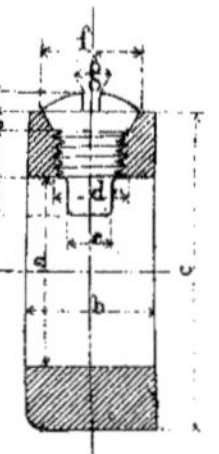

	a	b	c	d	e	f	g	h	i	j	k
×	20	14	34	8	4,5	10,5	2	4	4,5	2	2
	25	18	42	8	4.5	10.5	2	4	5,5	2,5	2
	30	22	50	10	6	14	2	5	6,5	3	3
	35	25	58	10	6	14	3	5	8	3	3
	40	28	64	12	8	17	3	5	8	3,5	3
	45	32	75	12	8	17	3	6	11	3,5	3
	50	34	82	15	10	20	4	7	11	4	3,5
	55	38	90	15	10	20	4	7	12,5	4	3,5
	60	42	100	18	13	24	4	8	15	4,5	4
	65	46	108	18	13	24	4	8	16	4,5	4
	70	50	116	20	15	28	5	9	16	5	4
	75	54	125	20	15	28	5	10	19	5	4
	80	56	132	23	17	31	5	11	19	5,5	4,5
	85	60	140	23	17	31	5	11	21	5,5	4,5
	90	64	148	25	18	35	5	12	22	6	4,5
	95	68	156	25	18	35	5	13	23	6	4,5
	100	70	165	28	20	38	6	14	24	6	5

Ces bagues sont généralement employées comme embases des poulies folles et autres pièces libres sur les arbres.

Manivelles en fer

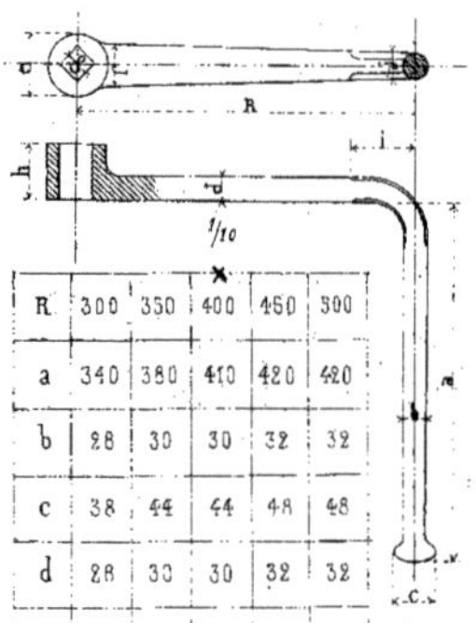

			×		
R	300	350	400	450	500
a	340	380	410	420	420
b	28	30	30	32	32
c	38	44	44	48	48
d	28	30	30	32	32
e	64	68	72	78	84
f	48	52	54	60	64
g	28	30	32	35	36
h	56	60	64	70	76
i	70	75	75	80	80
j	32	34	34	36	36

Ces manivelles sont particulièrement destinées aux treuils.

Dejey & Cie, 18, Rue de la Perle, Paris

Imp. de l'École Centrale et de la Société des Écoles d'Arts & Métiers

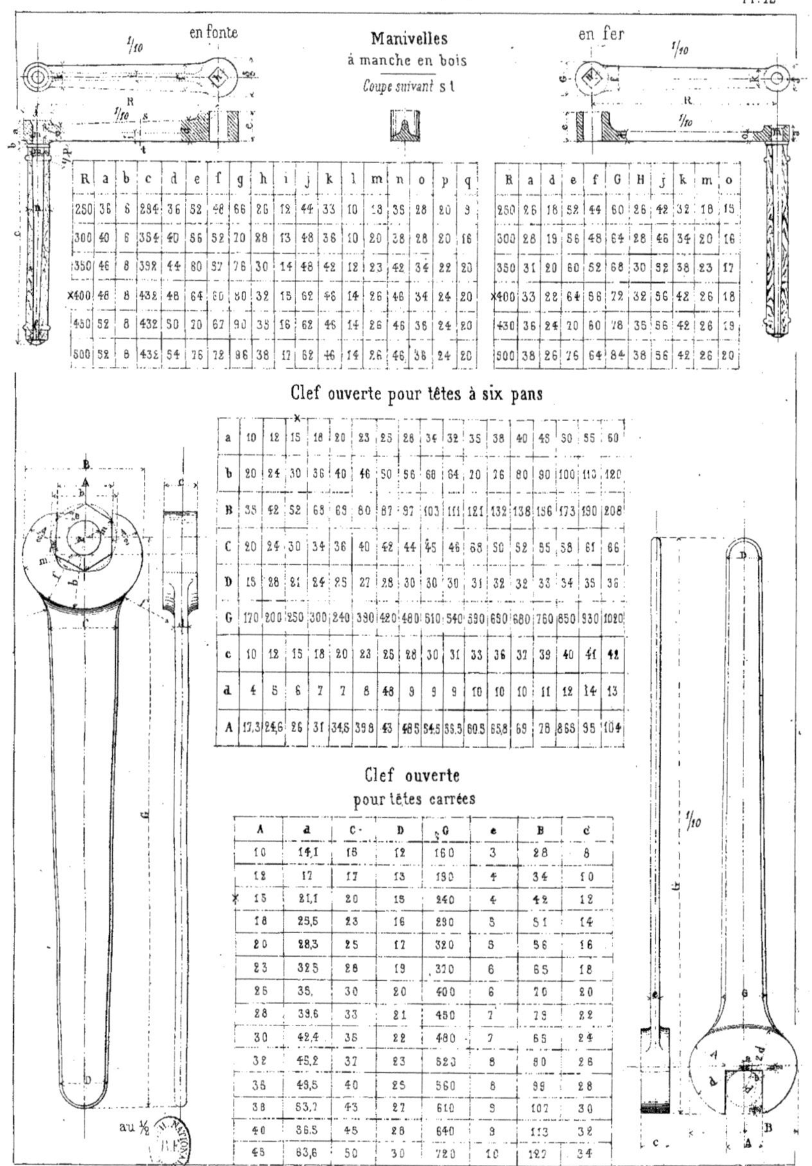

en fonte

R	a	b	c	d	e	f	g	h	i	j	k	l	m	n	o	p	q
250	36	6	284	36	52	48	66	26	12	44	33	10	13	35	28	20	9
300	40	6	354	40	56	52	70	28	13	48	36	10	20	38	28	20	16
350	46	8	392	44	80	57	76	30	14	48	42	12	23	42	34	22	20
×400	48	8	432	48	64	60	80	32	15	62	46	14	26	46	34	24	20
450	52	8	432	50	20	67	90	35	16	62	46	14	26	46	36	24	20
500	52	8	432	54	76	72	96	38	17	62	46	14	26	46	36	24	20

en fer

R	a	d	e	f	G	H	j	k	m	o
250	26	18	52	44	60	26	42	32	18	15
300	28	19	56	48	64	28	46	34	20	16
350	31	20	60	52	68	30	52	38	23	17
×400	33	22	64	56	72	32	56	42	26	18
430	36	24	70	60	78	35	56	42	26	19
500	38	26	76	64	84	38	56	42	26	20

Clef ouverte pour têtes à six pans

a	10	12	15	18	20	23	25	28	34	32	35	38	40	48	50	55	60
b	20	24	30	36	40	46	50	56	68	64	20	26	80	90	100	110	120
B	35	42	52	65	69	80	87	97	103	111	121	132	138	156	173	190	208
C	20	24	30	34	36	40	42	44	45	46	68	50	52	55	58	61	66
D	15	28	21	24	25	27	28	30	30	30	31	32	32	33	34	35	36
G	170	200	250	300	240	390	420	480	510	540	590	650	680	760	850	930	1020
c	10	12	15	18	20	23	25	28	30	31	33	36	32	39	40	41	42
d	4	5	6	7	7	8	48	9	9	9	10	10	10	11	12	14	13
A	17,3	24,6	26	31	34,5	39,8	43	48,5	54,5	55,5	60,5	65,8	69	78	86,8	95	104

Clef ouverte pour têtes carrées

A	a	C	D	G	e	B	c
10	14,1	15	12	160	3	28	8
12	17	17	13	190	4	34	10
×15	21,1	20	15	240	4	42	12
18	25,5	23	16	290	5	51	14
20	28,3	25	17	320	5	56	16
23	32,5	28	19	370	6	65	18
25	35,	30	20	400	6	70	20
28	39,6	33	21	450	7	79	22
30	42,4	35	22	480	7	85	24
32	45,2	37	23	520	8	90	26
35	49,5	40	25	560	8	99	28
38	53,7	43	27	610	9	107	30
40	56,5	45	28	640	9	113	32
45	63,6	50	30	720	10	127	34

Dejey & Cie. 18, Rue de la Perle, Paris.　　Imp. de l'École Centrale et de la Société des Écoles d'Arts & Métiers

CLEFS FERMÉES

pour têtes carrées

A	d	C	D	G	c	B	c
10	14,1	15	12	160	3	22	6
12	17	17	13	190	4	25	9
✱ 15	21,1	20	15	240	4	31	11
18	25,5	23	16	290	5	37	12
20	28,3	25	17	320	5	40	13
23	32,5	28	19	320	6	46	15
25	35	30	20	400	6	50	16
28	39,6	33	21	450	7	55	18
30	42,4	35	22	480	7	60	19
32	43,2	37	23	520	8	63	20
36	49,5	40	25	560	8	68	22
38	53,7	43	27	610	9	74	23
40	56,5	45	28	640	9	76	24
45	63,6	50	30	720	10	85	27

pour têtes hexagones

a	A	B	C	D	E	F	G
10	18	28	20	15	10	4	170
✱ 12	21	33	24	18	12	5	200
15	26	40	30	21	13	6	250
18	31	48	34	24	15	7	300
20	35	53	36	25	16	7	340
23	40	60	40	27	18	8	390
25	44	65	42	28	19	8	420
28	50	72	44	30	20	9	480
30	52	77	45	30	20	9	510
32	56	82	45	30	22	9	540
35	61	89	48	31	24	10	590
38	66	96	50	32	26	10	650
40	70	101	52	32	27	10	680
45	78	113	55	33	30	11	760
50	87	125	58	34	33	12	850
55	96	138	61	35	35	12	930
60	105	160	64	36	38	13	1,020
65	114	162	67	37	41	14	1,100
70	123	174	70	38	44	14	1,190
75	132	186	74	39	47	15	1,270
80	140	198	77	40	49	15	1,360
85	149	210	80	41	52	16	1,460
90	158	222	83	42	55	17	1,530
95	166	234	86	44	58	17	1,610
100	175	246	90	45	60	18	1,700

N. En outre des clefs anglaises, clefs à noix etc. on se sert, pour les ecrous ronds, tuyaux, goujons, etc, de clefs à serrage automatique, comme la suivante.

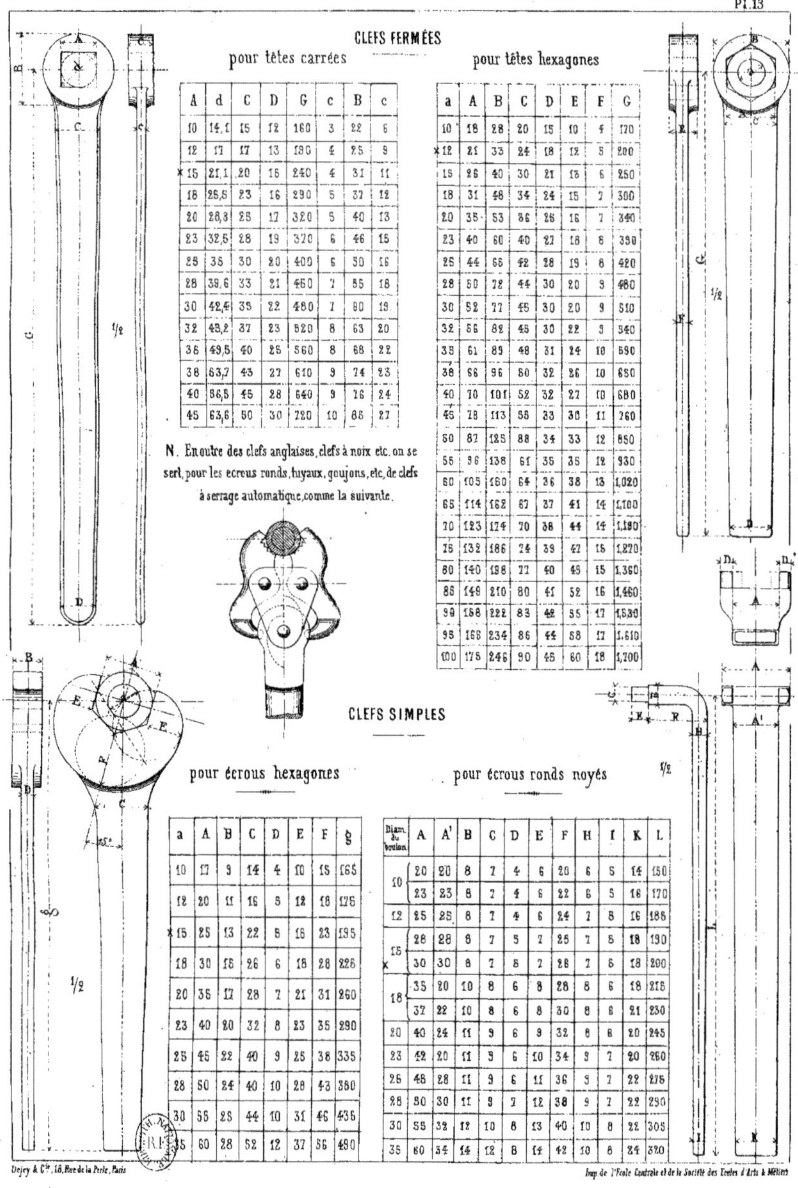

CLEFS SIMPLES

pour écrous hexagones

a	A	B	C	D	E	F	g
10	17	9	14	4	10	15	165
12	20	11	16	5	12	18	175
✱ 15	25	13	22	5	16	23	195
18	30	16	26	6	18	28	225
20	35	17	28	7	21	31	260
23	40	20	32	8	23	35	290
25	45	22	40	9	25	38	335
28	50	24	40	10	28	43	380
30	55	25	44	10	31	46	435
35	60	28	52	12	37	55	490

pour écrous ronds noyés

Diam. du boulon	A	A'	B	C	D	E	F	H	I	K	L
10	20	20	8	7	4	6	20	6	5	14	150
10	23	23	8	7	4	6	22	6	5	16	170
12	25	25	8	7	4	6	24	7	5	16	185
15	28	28	8	7	5	7	25	7	5	18	190
15	30	30	8	7	5	7	26	7	6	18	200
18	35	20	10	8	6	8	28	8	6	18	215
18	37	22	10	8	6	8	30	8	6	21	230
20	40	24	11	9	6	9	32	8	8	20	245
23	42	20	11	9	6	10	34	9	7	20	260
25	45	28	11	9	6	11	36	9	7	22	275
28	50	30	11	9	7	12	38	9	7	22	290
30	55	32	12	10	8	13	40	10	8	22	305
35	60	34	14	12	8	14	42	10	8	24	320

Imp. de l'École Centrale et de la Société des Écoles d'Arts & Métiers

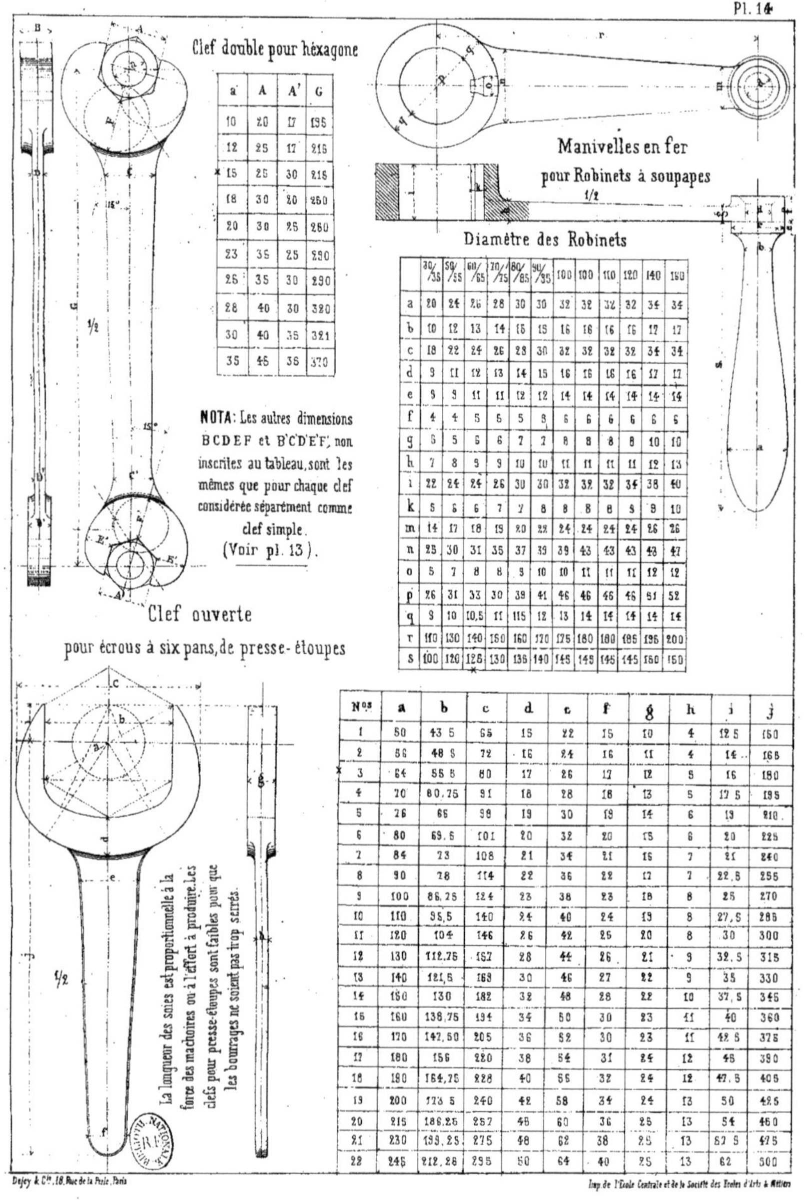

Clef double pour héxagone

a	A	A'	G
10	20	17	195
12	25	17	215
15	25	30	215
18	30	20	260
20	30	25	260
23	35	25	290
25	35	30	290
28	40	30	320
30	40	35	321
35	45	35	370

NOTA: Les autres dimensions BCDEF et B'C'D'E'F', non inscrites au tableau, sont les mêmes que pour chaque clef considérée séparément comme clef simple. (Voir pl. 13).

Clef ouverte

pour écrous à six pans, de presse-étoupes

Manivelles en fer

pour Robinets à soupapes

1/2

Diamètre des Robinets

	30/35	50/55	60/65	70/75	80/85	90/95	100	100	110	120	140	150
a	20	24	26	28	30	30	32	32	32	32	34	34
b	10	12	13	14	15	15	16	16	16	16	17	17
c	18	22	24	26	28	30	32	32	32	32	34	34
d	9	11	12	13	14	15	16	16	16	16	17	17
e	9	9	11	11	12	12	14	14	14	14	14	14
f	4	4	5	5	5	8	6	6	6	6	6	6
g	6	5	6	6	7	7	8	8	8	8	10	10
h	7	8	9	9	10	10	11	11	11	11	12	13
i	22	24	24	26	30	30	32	32	32	34	38	40
k	5	6	6	7	7	8	8	8	8	9	9	10
m	14	17	18	19	20	22	24	24	24	24	26	26
n	25	30	31	35	37	39	39	43	43	43	43	47
o	5	7	8	8	9	10	10	11	11	11	12	12
p	26	31	33	30	39	41	46	46	46	46	51	52
q	9	10	10,5	11	115	12	13	14	14	14	14	14
r	110	130	140	150	160	170	175	180	180	185	195	200
s	100	120	126	130	136	140	145	145	145	145	150	150

Nᵒˢ	a	b	c	d	e	f	g	h	i	j
1	50	43.5	65	15	22	15	10	4	12.5	150
2	56	48.5	72	16	24	16	11	4	14	165
3	64	55.5	80	17	26	17	12	5	16	180
4	70	60.75	91	18	28	18	13	5	17.5	195
5	76	66	98	19	30	19	14	6	19	210
6	80	69.5	101	20	32	20	15	6	20	225
7	84	73	108	21	34	21	16	7	21	240
8	90	78	114	22	36	22	17	7	22.5	255
9	100	86.25	124	23	38	23	18	8	25	270
10	110	95.5	140	24	40	24	19	8	27.5	285
11	120	104	146	26	42	25	20	8	30	300
12	130	112.75	157	28	44	26	21	9	32.5	315
13	140	121.5	169	30	46	27	22	9	35	330
14	150	130	182	32	48	28	22	10	37.5	345
15	160	138.75	194	34	50	30	23	11	40	360
16	170	142.50	205	36	52	30	23	11	42.5	375
17	180	156	220	38	54	31	24	12	45	390
18	190	164.75	228	40	56	32	24	12	47.5	405
19	200	173.5	240	42	58	34	24	13	50	425
20	215	186.25	257	46	60	36	25	13	54	450
21	230	199.25	275	48	62	38	25	13	57.5	475
22	245	212.25	295	50	64	40	25	13	62	500

Carrés pour manivelles

A	B	C
30	9	7
30	11	8
30	12	9
30	12	10
37	14,5	11
40	16	12
42	17,5	13
45	18,5	14
50	20	15
50	21,5	16

A	B	C
55	24	18
60	27	20
70	31	23
75	34	26
75	38	28
80	41	30
80	44	32
80	48	35
90	55	40
100	62	45

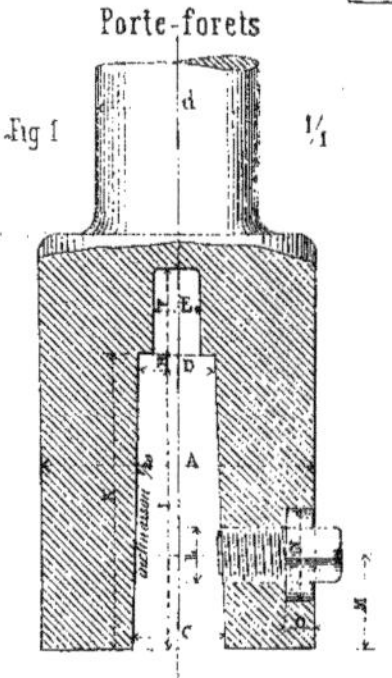

Lames et clavettes porte-lame pour arbres porte-forets

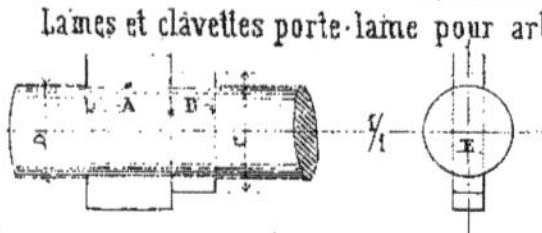

Inclinaison du joint de la clavette sur la lame $\frac{1}{25}$

A	B	C	D	E
12	3	14	12	4
17	8	18	15	5
13	12	18	15	5
17	8	20	18	5
13	12	20	18	5
18	10	25	20	7
13	15	26	20	7
18	10	28	23	7
13	15	28	23	7
20	10	30	25	8
15	15	30	25	8
20	10	32	28	8
15	15	32	28	9

A	B	C	D	E
20	10	37	30	8
15	15	37	30	8
28	12	40	35	10
20	20	40	35	10
28	12	45	40	10
20	20	45	40	10
33	12	50	45	12
23	22	50	45	12
33	12	55	50	12
23	22	55	50	12
33	12	60	55	15
30	25	60	55	15

Porte-forets

Fig 1 $\frac{1}{1}$

Fig. 2 $\frac{1}{2}$

Porte-Forets double emmenchement (Fig 2)

Presse-étoupe à écrou en bronze $\frac{1}{2}$

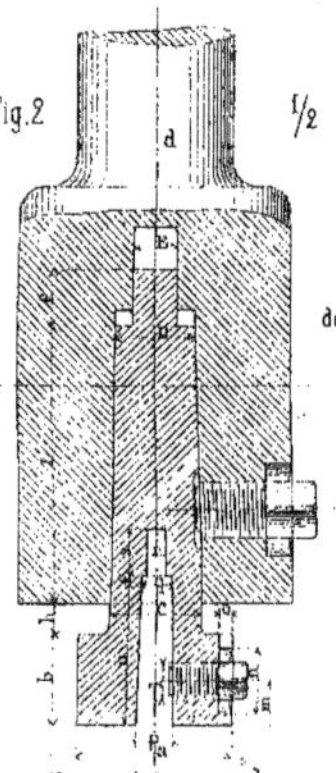

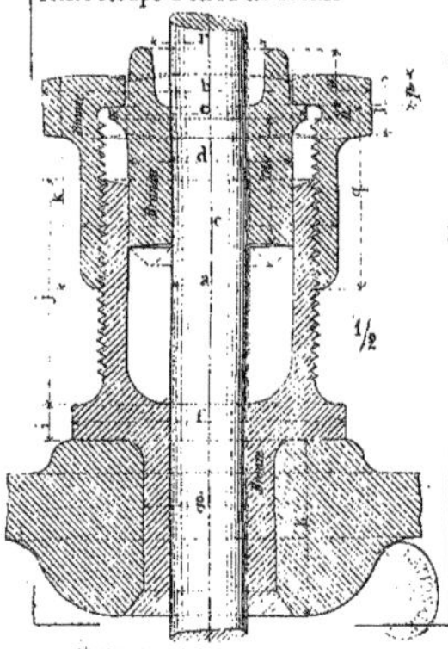

Porte-forets de Machines à percer (Fig. 1)

d	A	B	C	D	E	F	H	I	K	L	M	N	O
28	50	70	12	9,5	5	11	3	38	53	12	15	20	8
35	60	90	20	17	10	18	4	60	64	12	20	20	6
42	80	110	30	26,5	12	22	8	70	75	18	25	28	8
60	100	130	46	41	16	27	6	80	86	18	28	28	8

d	a	b	C	D	E	f	h	I	l	m	n	o	p	q	r	s	t	u
28	23	18	12	9,5	5	8	3	50	7	9			8	6,5	4	10	2	30
35	35	20	20	17	10	12	6	60	9	10	15	3	8	6,5	4	10	2	30
	38	20	20	17	10	12	6	60	9	10	16	3	12	9,6	5	11	3	50
42	45	25	30	26,5	12	15	8	70	12	12,5	20	4	8	6,5	4	10	2	30
	45	25	30	26,5	12	15	8	70	12	12,5	20	4	12	9,5	6	11	3	50
	48	25	30	26,5	12	15	8	70	12	12,5	20	4	20	17	10	18	4	60
60	90	30	45	41	16	18	10	80	16	16	23	5	12	9,5	8	11	3	50
	60	30	45	41	15	18	10	80	16	16	23	5	20	17	10	18	4	60
	60	30	45	41	15	18	10	80	16	16	23	5	30	26,5	12	22	5	70

a	b	c	d	e	f	g	h	i	j	k	l	m	n	o	p	q	r
10	50	31	25	43	48	20	30	6	38	35	10	17	8	10	6	30	20
12	56	35	28	48	50	23	33	7	39	40	11	20	6	11	7	33	22
14	64	39	31	52	55	26	36	7	43	43	12	22	6	12	7	36	24
16	70	42	34	56	60	28	40	8	47	47	13	24	6	13	8	39	27
18	76	46	38	61	65	31	42	8	52	49	14	26	6	14	8	41	30
20	84	50	42	66	70	34	44	9	57	55	16	29	7	15	9	46	34
23	90	55	48	70	78	38	46	9	60	57	17	30	7	16	9	48	38
25	96	59	50	76	80	41	48	10	65	63	18	33	8	17	10	53	42
28	108	64	54	81	85	44	50	10	70	66	19	35	8	18	10	56	45
30	110	68	58	86	90	48	52	11	75	70	20	38	8	19	10	59	48
33	110	72	62	91	95	51	54	11	80	74	20	40	9	20	11	63	50
35	120	77	66	97	100	54	56	12	88	79	20	43	9	20	12	67	55
38	120	80	70	100	105	58	58	12	90	81	20	45	8	21	12	69	58
40	130	82	74	107	112	62	60	13	95	87	21	48	10	22	13	74	62
45	140	93	78	116	120	67	64	14	98	90	22	49	10	24	14	76	67
50	160	101	86	127	128	73	69	15	104	96	24	52	11	26	15	81	74
55	170	108	92	138	136	79	75	16	110	101	24	55	12	28	16	86	80
60	180	107	98	146	145	86	80	17	118	108	24	59	12	30	17	91	86

Dejey & C.ie, 18, Rue de la Perle, Paris

Imp. de l'École Centrale et de la Société des Écoles d'Arts & Métiers

Presse-étoupe en fonte ou en bronze, à bride ovale

Manchons d'entrainement

N. Les goujons dans les presse-étoupes comme dans tout autre cas, ne doivent être employés, que lorsqu'on ne peut pas absolument faire intervenir les boulons.

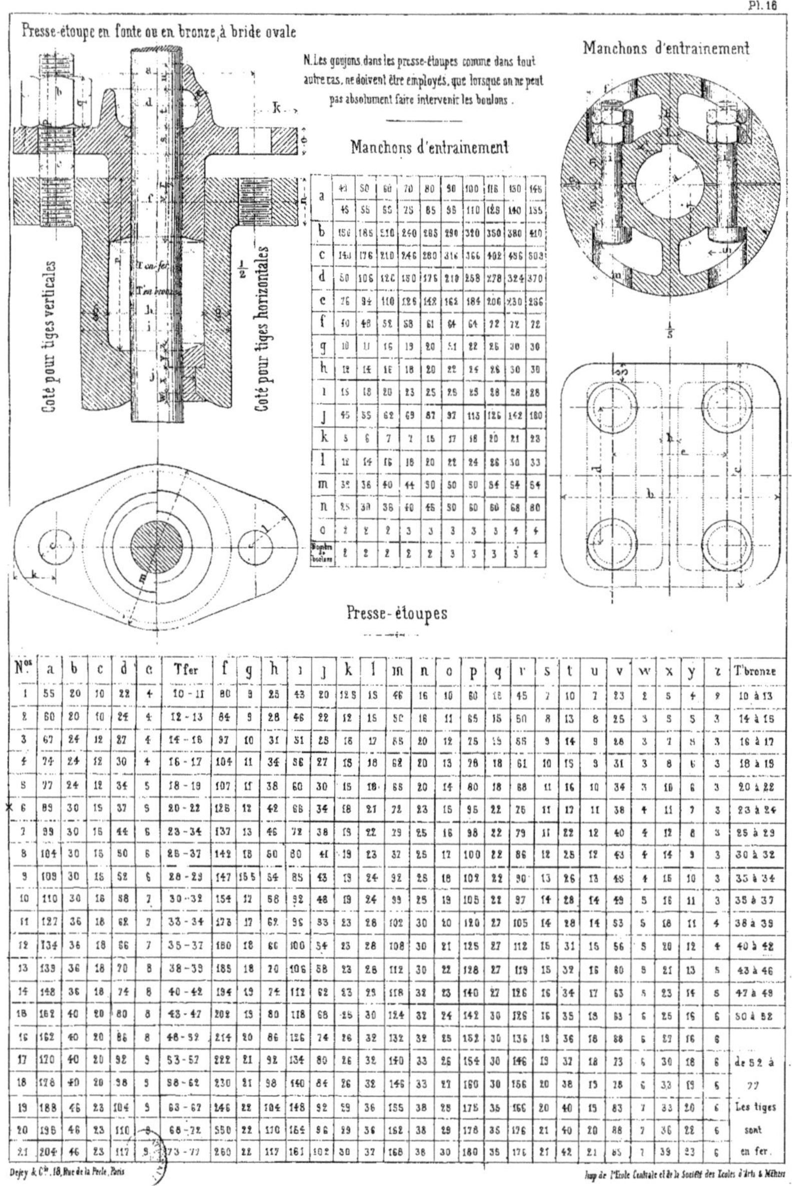

Manchons d'entrainement

a	40	50	60	70	80	90	100	115	130	145
	45	55	55	75	85	95	110	125	140	155
b	150	185	210	240	285	290	320	350	380	410
c	140	176	210	245	280	315	366	402	435	503
d	90	106	120	150	175	210	258	278	324	370
e	76	94	110	126	142	162	184	206	230	286
f	40	48	52	53	61	64	64	72	72	72
q	10	11	15	19	20	51	22	25	30	30
h	12	14	15	18	20	22	24	26	30	38
i	15	18	20	23	25	25	25	28	28	28
J	45	55	62	69	87	97	113	125	142	180
k	5	6	7	7	15	17	18	20	21	23
l	12	14	15	18	20	22	24	26	30	33
m	32	36	40	44	50	50	50	54	54	54
n	25	30	35	40	45	50	60	60	68	80
o	2	2	2	3	3	3	3	3	4	4
Nombre de boulons	2	2	2	2	2	3	3	3	3	4

Presse-étoupes

Nᵒˢ	a	b	c	d	e	Tfer	f	g	h	i	J	k	l	m	n	o	p	q	r	s	t	u	v	w	x	y	z	T'bronze
1	55	20	10	22	4	10 - 11	80	9	25	43	20	12	18	46	16	10	60	18	45	7	10	7	23	2	5	4	9	10 à 13
2	60	20	10	24	4	12 - 13	84	9	28	46	22	12	15	50	16	11	65	15	50	8	13	8	25	3	5	5	3	14 à 15
3	67	24	12	27	4	14 - 16	97	10	31	51	25	15	17	58	20	12	75	19	55	9	14	9	28	3	7	8	3	16 à 17
4	74	24	12	30	4	16 - 17	104	11	34	56	27	15	18	62	20	13	78	18	61	10	15	9	31	3	8	6	3	18 à 19
5	77	24	12	34	5	18 - 19	107	11	38	60	30	15	18	68	20	14	80	18	68	11	16	10	34	3	10	6	3	20 à 22
6	89	30	15	37	5	20 - 22	126	12	42	66	34	18	21	72	23	15	95	22	75	11	17	11	38	4	11	7	3	23 à 24
7	99	30	15	44	5	23 - 34	137	13	46	72	38	19	22	76	25	16	98	22	79	11	22	12	40	4	12	8	3	25 à 29
8	104	30	15	50	6	26 - 37	142	18	50	80	41	19	23	84	25	17	100	22	86	12	25	12	43	4	14	9	3	30 à 32
9	109	30	15	52	6	28 - 29	147	15	54	85	43	19	24	92	28	18	102	22	90	13	26	13	45	4	15	10	3	33 à 34
10	110	30	16	58	7	30 - 32	154	12	58	92	48	19	24	99	25	19	105	22	97	14	28	14	49	5	16	11	3	35 à 37
11	127	36	18	62	7	33 - 34	173	17	62	96	33	23	28	102	30	20	120	27	105	14	28	14	53	5	18	11	4	38 à 39
12	134	36	18	66	7	35 - 37	180	18	66	100	54	23	28	108	30	21	125	27	112	15	31	15	56	5	20	12	4	40 à 42
13	133	36	18	70	8	38 - 39	185	18	70	106	58	23	28	112	30	22	128	27	119	15	32	16	60	5	21	13	5	43 à 46
14	148	36	18	74	8	40 - 42	194	19	74	112	62	23	29	118	32	23	140	27	126	16	34	17	63	5	23	14	5	47 à 49
15	162	40	20	80	8	43 - 47	202	19	80	118	68	25	30	124	32	24	142	30	126	16	35	18	63	6	25	16	6	50 à 52
16	162	40	20	86	8	46 - 52	214	20	86	126	74	26	32	132	32	25	152	30	136	18	36	18	88	6	27	16	6	
17	170	40	20	92	9	53 - 52	222	21	92	134	80	26	32	140	33	26	154	30	146	19	32	18	73	6	30	18	6	de 52 à
18	178	40	20	98	9	58 - 62	230	21	98	140	84	26	32	146	33	27	160	30	156	20	38	15	78	6	33	19	6	77
19	188	46	23	104	9	63 - 67	246	22	104	148	92	29	36	155	38	28	175	35	166	20	40	15	83	7	33	20	6	Les tiges
20	196	46	23	110	9	68 - 72	250	22	110	154	96	29	36	162	38	29	178	35	176	21	40	20	88	7	36	22	6	sont
21	204	46	23	117	9	73 - 77	260	22	117	161	102	30	37	168	38	30	180	35	176	21	42	21	85	7	39	23	6	en fer.

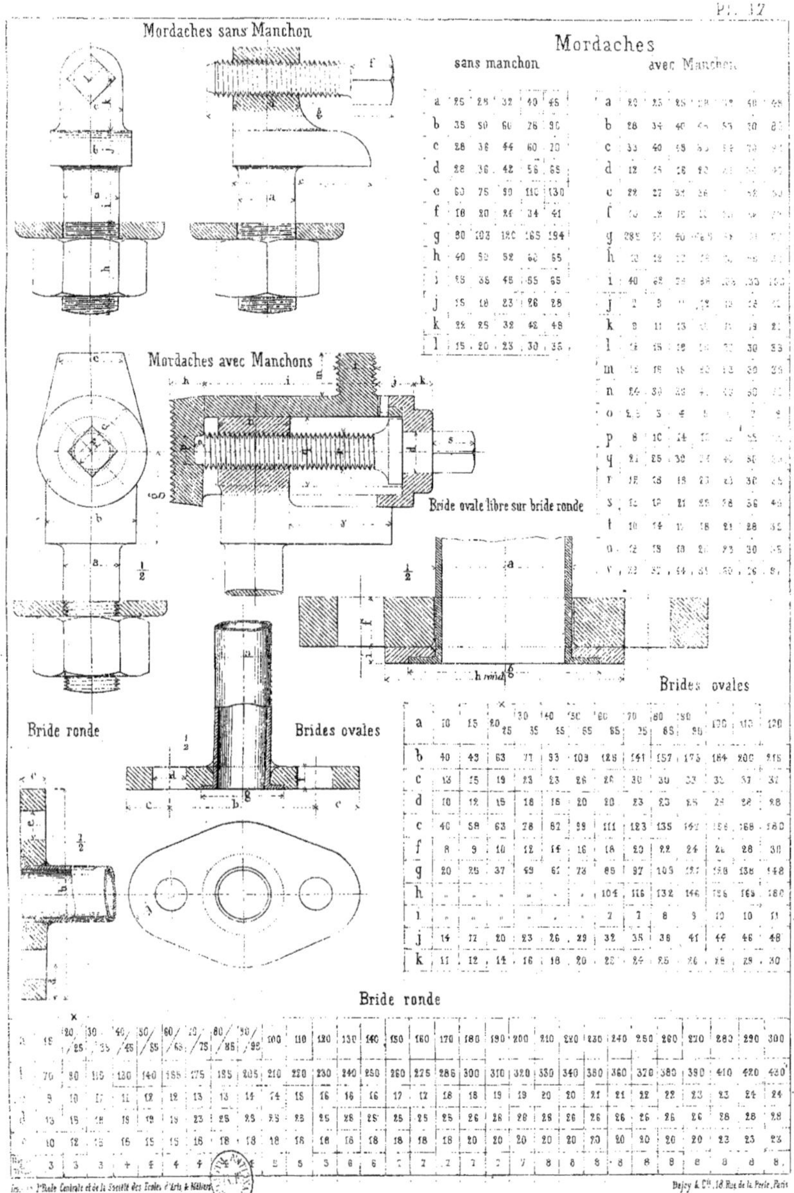

Mordaches

sans manchon

a	25	28	32	40	45
b	35	50	60	76	90
c	28	36	44	60	70
d	28	36	42	56	65
e	60	75	90	110	130
f	18	20	26	34	41
g	80	103	120	165	194
h	40	50	52	60	65
i	25	35	45	55	65
j	15	18	23	26	28
k	22	25	32	42	48
l	15	20	23	30	35

avec Manchon

a	20	25	25	28	[illegible]	40	48
b	28	34	40	[illegible]	55	70	8[illegible]
c	33	40	48	5[illegible]	5[illegible]	70	9[illegible]
d	12	15	18	22	[illegible]	[illegible]	[illegible]
e	22	27	34	36	[illegible]	48	50
f	13	[illegible]	15	[illegible]	[illegible]	[illegible]	[illegible]
g	285	[illegible]	40	[illegible]	[illegible]	[illegible]	[illegible]
h	13	18	[illegible]	28	[illegible]	[illegible]	[illegible]
i	40	48	54	86	[illegible]	35	108
j	2	3	[illegible]	12	13	18	2[illegible]
k	9	11	13	[illegible]	[illegible]	19	21
l	13	15	18	[illegible]	22	30	33
m	13	19	18	23	13	30	33
n	24	30	33	[illegible]	[illegible]	50	[illegible]
o	2.5	3	4	[illegible]	[illegible]	7	8
p	8	10	14	18	[illegible]	55	[illegible]
q	21	25	30	34	40	50	[illegible]
r	15	18	18	23	23	36	28
s	13	18	21	28	28	36	48
t	10	14	17	18	21	28	35
u	12	15	18	23	23	30	35
v	22	37	44	51	60	36	8

Brides ovales

x	10	15	20/25	30/35	40/45	50/55	60/65	70/75	80/85	90/95	100	110	120
a	10	15	20/25	30/35	40/45	50/55	60/65	70/75	80/85	90/95	100	110	120
b	40	43	63	77	93	109	125	141	157	175	184	200	215
c	13	15	19	23	23	26	26	30	30	33	33	37	37
d	10	12	15	18	16	20	20	23	23	25	24	22	28
e	40	58	63	78	82	99	111	123	135	142	156	168	180
f	8	9	10	12	14	16	18	20	22	24	26	28	30
g	20	25	37	49	61	73	85	97	109	121	126	138	148
h							104	116	132	146	156	169	180
i							7	7	8	9	10	10	11
j	14	17	20	23	26	29	32	35	38	41	44	46	48
k	11	12	14	16	18	20	22	24	25	26	28	29	30

Bride ronde

19	20/25	30/35	40/45	50/55	60/65	70/75	80/85	90/95	100	110	120	130	140	150	160	170	180	190	200	210	220	230	240	250	260	270	280	290	300
70	80	110	130	140	155	175	185	205	210	220	230	240	250	260	275	286	300	310	320	330	340	350	360	370	380	390	410	420	430
9	10	10	11	12	12	13	13	14	14	15	16	16	16	17	17	18	18	19	19	20	20	21	21	22	22	23	23	24	24
13	15	18	19	19	19	23	25	25	25	25	25	28	25	25	25	25	26	28	28	28	26	26	26	26	26	26	28	28	28
10	12	15	15	15	15	16	18	18	18	18	16	18	18	18	18	18	20	20	20	20	20	20	20	20	20	20	23	23	23
3	3	3	4	4	4	4	[illegible]	[illegible]	5	5	5	6	6	6	7	7	7	7	7	8	8	8	8	8	8	8	8	8	8

Imp. de l'École Centrale et de la Société des Écoles d'Arts & Métiers.

Dejey & Cⁱᵉ, 18 Rue de la Perle, Paris

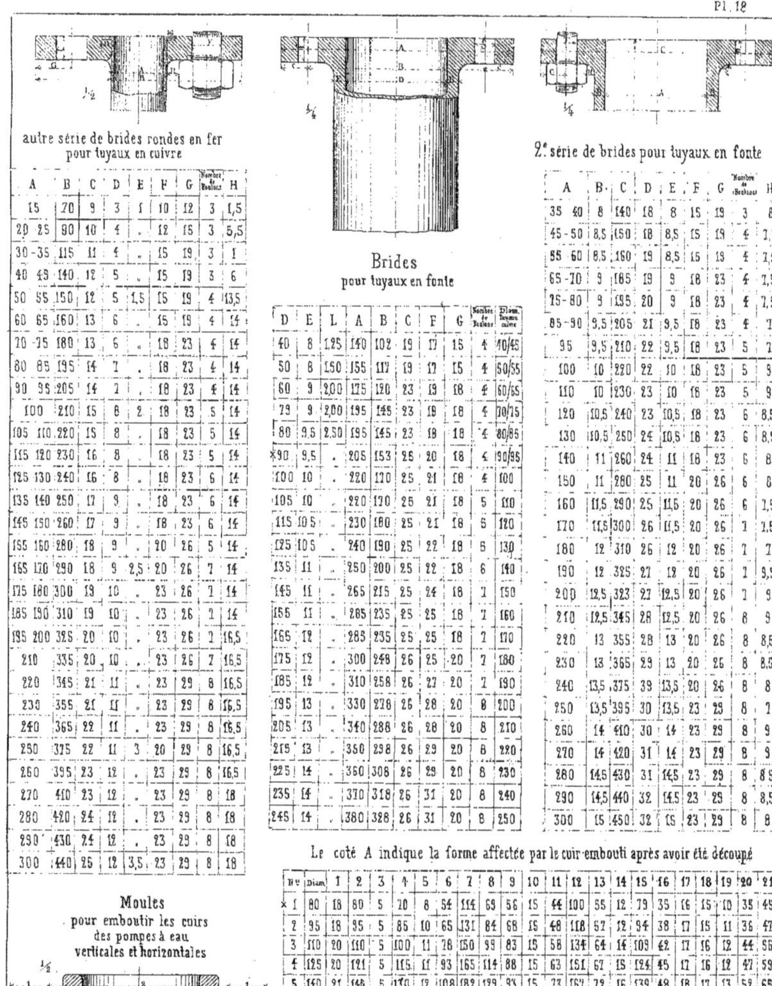

autre série de brides rondes en fer pour tuyaux en cuivre

A	B	C	D	E	F	G	Nombre de Boulons	H
15	70	9	3	1	10	12	3	1,5
20-25	90	10	4	.	12	15	3	5,5
30-35	115	11	4	"	15	19	3	1
40-45	140	12	5	"	15	19	3	6
50-55	150	12	5	1,5	15	19	4	13,5
60-65	160	13	6	"	15	19	4	14
70-75	180	13	6	"	18	23	4	14
80-85	195	14	7	.	18	23	4	14
90-95	205	14	7	.	18	23	4	14
100	210	15	8	2	18	23	5	14
105-110	220	15	8	.	18	23	5	14
115-120	230	16	8		18	23	5	14
125-130	240	16	8	"	18	23	6	14
135-140	250	17	9	"	18	23	6	14
145-150	260	17	9	"	18	23	6	14
155-160	280	18	9	"	20	26	5	14
165-170	290	18	9	2,5	20	26	7	14
175-180	300	19	10	"	23	26	7	14
185-190	310	19	10	.	23	26	7	14
195-200	325	20	10	.	23	26	7	16,5
210	335	20	10	..	23	26	7	16,5
220	345	21	11	"	23	29	8	16,5
230	355	21	11	"	23	29	8	16,5
240	365	22	11	.	23	29	8	16,5
250	375	22	11	3	20	29	8	16,5
260	395	23	12	.	23	29	8	16,5
270	410	23	12	.	23	29	8	18
280	420	24	12	.	23	29	8	18
290	430	24	12	.	23	29	8	18
300	440	25	12	3,5	23	29	8	18

Brides pour tuyaux en fonte

D	E	L	A	B	C	F	G	Nombre de Boulons	Diam. Tuyaux cuivre
40	8	1,25	140	102	19	17	15	4	40/45
50	8	1,50	155	117	19	17	15	4	50/55
60	9	2,00	175	120	23	19	18	4	60/65
70	9	2,00	195	145	23	19	18	4	70/75
80	9,5	2,50	195	145	23	19	18	4	80/85
*90	9,5	.	205	153	25	20	18	4	90/95
100	10	.	220	170	25	21	18	4	100
105	10	"	220	170	25	21	18	5	110
115	105	..	230	180	25	21	18	5	120
125	105	.	240	190	25	22	18	6	130
135	11	..	250	200	25	22	18	6	140
145	11	"	265	215	25	24	18	7	150
155	11	"	285	235	25	25	18	7	160
165	12	"	285	235	25	25	18	7	170
175	12	"	300	248	26	25	20	7	180
185	12	"	310	258	26	27	20	7	190
195	13	"	330	278	26	28	20	8	200
205	13	"	340	288	26	28	20	8	210
215	13	"	350	298	26	29	20	8	220
225	14	"	360	308	26	29	20	8	230
235	14	"	370	318	26	31	20	8	240
245	14	.	380	328	26	31	20	8	250

2e série de brides pour tuyaux en fonte

A	B	C	D	E	F	G	Nombre de Boulons	H
35-40	8	140	18	8	15	19	3	8
45-50	8,5	150	18	8,5	15	19	4	7,5
55-60	8,5	160	19	8,5	15	19	4	7,5
65-70	9	165	19	9	18	23	4	7,5
75-80	9	195	20	9	18	23	4	7,5
85-90	9,5	205	21	9,5	18	23	4	7
95	9,5	210	22	9,5	18	23	5	7
100	10	220	22	10	18	23	5	9
110	10	230	23	10	18	23	5	9
120	10,5	240	23	10,5	18	23	6	8,5
130	10,5	250	24	10,5	18	23	6	8,5
140	11	260	24	11	18	23	6	8
150	11	280	25	11	20	26	6	8
160	11,5	290	25	11,5	20	26	6	7,5
170	11,5	300	26	11,5	20	26	7	7,5
180	12	310	26	12	20	26	7	7
190	12	325	27	12	20	26	7	9,5
200	12,5	323	27	12,5	20	26	7	9
210	12,5	345	28	12,5	20	26	8	9
220	13	355	28	13	20	26	8	8,5
230	13	365	29	13	20	26	8	8,5
240	13,5	375	39	13,5	20	26	8	8
250	13,5	395	30	13,5	23	29	8	7
260	14	410	30	14	23	29	8	9
270	14	420	31	14	23	29	8	9
280	14,5	430	31	14,5	23	29	8	8,5
290	14,5	440	32	14,5	23	29	8	8,5
300	15	450	32	15	23	29	8	8

Moules pour emboutir les cuirs des pompes à eau verticales et horizontales

Le coté A indique la forme affectée par le cuir embouti après avoir été découpé

Nᵒ	Diam	1	2	3	4	5	6	7	8	9	10	11	12	13	14	15	16	17	18	19	20	21
×1	80	18	80	5	20	8	54	114	69	56	15	44	100	55	12	79	35	16	15	10	35	45
2	95	18	95	5	85	10	65	131	84	68	15	48	118	57	12	94	38	17	15	11	36	47
3	110	20	110	5	100	11	78	150	99	83	15	58	134	64	14	109	62	17	16	12	44	56
4	125	20	121	5	115	11	93	165	114	88	15	63	151	67	15	124	45	17	16	12	47	59
5	140	21	146	5	130	12	108	182	129	93	15	73	161	72	16	139	48	18	17	13	52	65
6	160	22	160	5	150	12	126	204	149	106	15	86	190	75	17	159	50	18	18	14	54	65
7	180	23	180	5	170	13	144	226	169	118	15	98	212	75	18	179	53	19	19	15	56	71
8	200	25	200	5	190	14	162	250	189	134	15	114	232	84	19	199	56	20	20	15	60	75
9	220	30	220	6	202	14	180	280	207	171	15	151	255	88	20	219	58	22	21	15	64	75
10	240	31	240	6	228	15	198	302	227	188	15	168	278	88	21	239	60	23	21	15	68	80
11	300	31	300	6	288	16	256	362	287	222	15	202	338	102	22	299	66	23	22	16	74	90
12	340	32	340	6	328	16	296	404	387	262	15	242	380	105	23	339	70	24	23	17	77	94
13	420	35	410	6	418	16	376	490	407	322	15	302	460	114	25	449	74	25	25	18	86	104

SÉRIES OU ÉLÉMENTS PROPORTIONNELS DE CONSTRUCTION

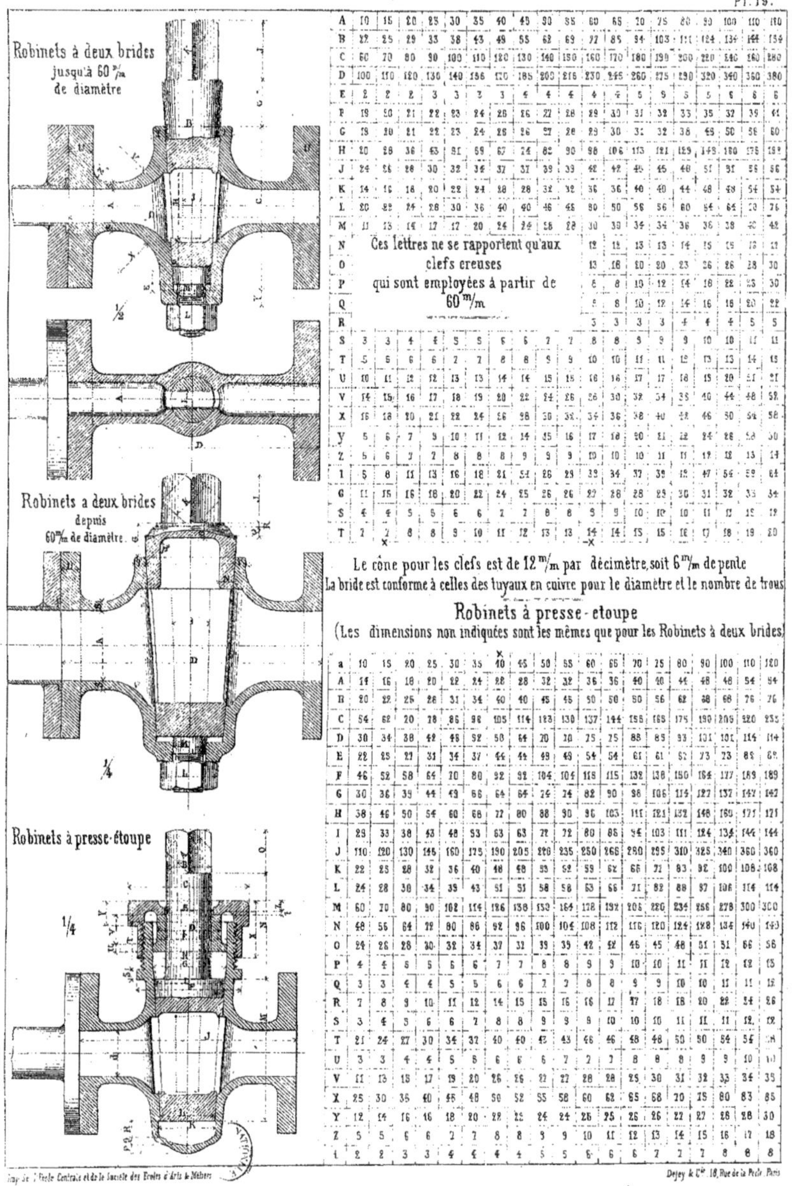

Robinets à deux brides

A	10	15	20	25	30	35	40	45	50	55	60	65	70	75	80	90	100	110	120
B	22	25	29	33	38	43	49	55	62	69	77	85	94	103	111	124	134	144	154
C	60	70	80	90	100	110	120	130	140	150	160	170	180	190	200	220	240	260	280
D	100	110	120	130	140	156	170	185	200	215	230	245	260	275	290	320	340	360	380
E	2	2	2	3	3	3	3	4	4	4	4	4	5	5	5	5	6	6	6
F	19	20	21	22	23	24	25	26	27	28	29	30	31	32	33	35	37	39	41
G	19	20	21	22	23	24	25	26	27	28	29	30	31	32	38	45	50	58	60
H	20	28	36	43	51	59	67	74	82	90	98	106	113	121	129	143	160	175	192
J	24	26	28	30	32	34	37	37	39	39	42	42	45	45	48	51	51	55	56
K	14	16	18	20	22	24	28	28	32	32	36	36	40	40	44	48	48	54	54
L	20	22	24	28	30	36	40	40	46	48	50	50	56	56	60	64	64	70	76
M	11	13	14	17	17	20	24	24	26	28	30	33	34	34	36	36	38	40	42
N											12	12	13	13	14	15	15	16	17
O											13	18	20	20	23	26	26	28	30
P											6	8	10	12	14	18	22	23	30
Q											6	8	10	12	14	16	18	20	22
R											3	3	3	3	4	4	4	5	5
S	3	3	4	4	5	5	6	6	7	7	8	8	9	9	9	10	10	11	11
T	5	5	6	6	7	7	8	8	9	9	10	10	11	11	12	13	13	14	15
U	10	11	12	12	13	13	14	14	15	15	16	16	17	17	18	19	20	21	21
V	14	15	16	17	18	19	20	22	24	26	28	30	32	34	38	40	44	48	52
X	16	18	20	21	22	24	26	28	30	32	34	36	38	40	42	46	50	54	58
Y	5	6	7	9	10	11	12	14	15	16	17	18	20	21	22	24	28	28	30
Z	5	6	7	7	8	8	8	9	9	9	10	10	10	11	11	12	12	13	14
1	5	8	11	13	16	18	21	24	26	29	32	34	37	39	42	47	54	59	64
G	11	15	16	18	20	22	24	25	26	26	27	28	28	29	30	31	32	33	34
S	4	4	5	5	6	6	7	7	8	8	9	9	10	10	10	11	12	12	12
T	7	7	8	8	9	10	11	12	13	13	14	14	15	15	16	17	18	19	20

Ces lettres (N, O, P, Q, R) ne se rapportent qu'aux clefs creuses qui sont employées à partir de 60 m/m.

Le cône pour les clefs est de 12 m/m par décimètre, soit 6 m/m de pente.

La bride est conforme à celles des tuyaux en cuivre pour le diamètre et le nombre de trous.

Robinets à presse-étoupe

(Les dimensions non indiquées sont les mêmes que pour les Robinets à deux brides.)

a	10	15	20	25	30	35	40	45	50	55	60	65	70	75	80	90	100	110	120
A	11	16	18	20	22	24	28	28	32	32	36	36	40	40	44	48	48	54	54
B	20	22	25	28	31	34	40	40	45	45	50	50	50	56	62	68	68	76	76
C	54	62	70	78	86	98	105	114	123	130	137	144	155	165	175	190	205	220	235
D	30	34	38	42	46	52	58	64	70	70	75	75	88	89	93	101	101	114	114
E	22	25	27	31	34	37	44	44	49	49	54	54	61	61	62	73	73	82	82
F	46	52	58	64	70	80	92	92	104	104	115	115	132	138	150	164	177	189	189
G	30	36	39	44	49	56	64	64	74	74	82	90	96	106	114	127	137	147	147
H	38	46	50	54	60	68	72	80	88	90	96	103	111	121	132	148	160	171	171
I	29	33	38	43	48	53	63	63	72	72	80	88	94	103	111	124	134	144	144
J	110	120	130	145	160	175	190	205	220	235	250	266	280	295	310	325	340	360	360
K	22	25	28	32	36	40	48	48	53	52	59	62	66	71	83	92	100	108	108
L	24	28	30	34	39	43	51	51	58	58	63	66	71	82	88	97	106	114	114
M	60	70	80	90	102	114	126	138	152	164	178	192	205	220	234	256	278	300	300
N	48	56	64	72	80	86	92	96	100	104	108	112	116	120	124	128	134	140	143
O	24	26	28	30	32	34	37	37	39	39	42	42	45	45	48	51	51	56	56
P	4	4	5	5	6	6	7	7	8	8	9	9	10	10	11	11	12	12	13
Q	3	3	4	4	5	5	6	6	7	7	8	8	9	9	10	10	11	11	12
R	7	8	9	10	11	12	14	15	15	16	16	17	17	18	18	20	22	24	26
S	3	4	5	6	6	7	8	8	9	9	9	10	10	10	11	11	11	12	12
T	21	24	27	30	34	37	40	40	42	43	46	46	48	48	50	50	54	54	56
U	3	3	4	4	5	5	6	6	6	7	7	7	8	8	8	9	9	10	10
V	11	13	15	17	19	20	26	26	22	27	28	28	29	30	31	32	33	34	35
X	25	30	35	40	45	48	50	52	55	58	60	62	65	68	70	75	80	83	85
Y	12	14	16	16	18	20	22	22	24	24	26	25	26	26	27	27	28	28	30
Z	5	5	6	6	7	7	8	8	9	9	10	11	12	13	14	15	16	17	18
t	2	2	3	3	4	4	4	4	5	5	6	6	6	7	7	7	8	8	8

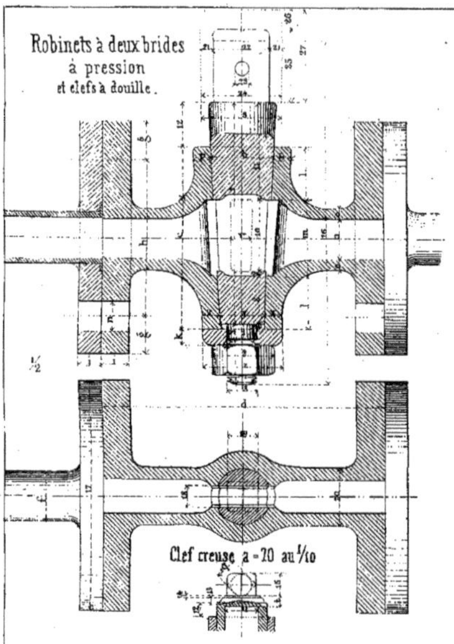

SÉRIES OU ÉLÉMENTS PROPORTIONNELS DE CONSTRUCTION

Robinets à deux brides à pression et clefs à douille.

½

Clef creuse a = 20 au ¹/₁₀

Suite

N°	s	t	u	v	x	v	z	1	2	3	4	5	7	8	9	10	11
1	27			8	7	17	31	13	24	12	18	6	85	18	2	22	35
2	31			11	8	19	35	14	24	12	18	7	94	19	2	32	37
3	35			13	8	22	38	18	26	13	22	9	104	20	2	33	39
4	40,5			16	9	26	44	17	30	15	24	10	122	21	3	49	44
5	46			18	11	29	51	20	36	18	28	11	133	23	3	59	48
6	52			21	11	34	56	22	40	20	31	12	147	25	3	67	52
7	58			23	12	39	63	25	44	22	34	13	156	26	3	75	55
8	65			26	13	44	70	27	50	25	38	15	172	28	4	82	58
9	72			29	13	49	70	30	55	28	40	16	186	31	4	90	61
10	80			32	14	56	84	32	60	30	41	17	201	34	4	98	65
11	88,5			34	14	62	90	32	60	30	41	18	215	36	4	106	69
12	97,5	20	64	37	15	69	99	34	64	32	43	20	229	39	5	113	73
13	106,5	23	73	39	15	77	107	34	64	32	45	21	244	42	5	121	76
14	114,5	24	79	42	16	83	115	38	70	35	48	22	259	45	5	129	80
15	120	26	85	45	16	88	120	38	70	35	50	23	267	47	5	135	80
16	122,5	26	90	47	17	93	127	40	76	38	51	24	282	48	5	145	84
17	138	26	98	50	17	92	131	40	76	38	52	25	292	49	5	152	86
18	138	28	98	54	18	101	137	42	80	40	54	26	304	50	6	160	88
19	148	28	106	59	19	108	146	48	90	45	60	28	327	53	6	176	92
20	158	30	114	64	20	115	155	54	100	50	66	30	350	56	6	192	96
21	167	32	121	70	21	123	165	60	110	55	74	32	373	59	6	208	100
22	177	33	129	75	22	132	176	66	120	60	78	34	336	62	6	224	104
23	182	36	137	80	23	132	186	72	130	65	85	36	418	66	6	236	110

(Colonnes t et u, N° 1 à 11 : Clefs pleines)

Robinets à deux brides

N°	a	b	c	d	e	f	g	h	i	j	k	l	m	n'	o	p	q	r
1	15	25	70	110	2	20	15	60	11	9	6	20	30	12	4	7	16	.
2	20	29	80	120	2	25	15	60	11	10	7	21	38	12	5	8	18	.
3	25	33	90	130	2	30	18	79	12	10	8	24	42	12	5	8	20	.
4	30	38	102	140	3	35	18	79	12	11	10	26	50	15	6	9	22	.
5	35	43	114	155	3	40	19	92	13	11	11	28	62	15	6	11	24	.
6	40	50	126	170	3	45	19	92	13	11	12	28	70	15	7	11	28	.
7	45	55	138	185	3	50	19	102	14	10	14	30	78	15	7	12	30	.
8	50	62	150	200	4	55	19	102	14	12	15	32	86	15	8	13	32	.
9	55	69	164	215	4	60	19	117	15	12	16	35	94	15	8	13	32	.
10	60	78	178	230	4	65	19	117	15	12	17	38	102	15	9	14	34	63
11	65	85	192	245	4	70	23	129	15	12	18	41	110	18	9	14	36	63
12	70	94	206	260	5	75	23	129	16	13	20	44	118	19	10	15	40	20
13	75	105	220	275	5	80	25	145	17	13	21	47	126	18	10	15	40	20
14	80	111	234	290	5	85	25	145	17	14	22	50	134	18	10	16	44	18
15	85	117	242	305	5	90	25	155	17	14	23	50	142	18	10	16	46	80
16	90	124	256	320	5	95	25	155	18	14	24	53	150	18	11	17	48	85
17	95	134	266	330	5	100	25	170	18	14	26	54	158	18	11	17	48	85
18	100	144	278	340	6	105	25	170	19	15	26	56	166	18	11	18	48	85
19	110	154	300	360	6	115	25	180	19	15	28	59	182	18	12	19	54	105
20	120	165	322	380	6	125	25	190	20	15	30	62	198	18	12	20	54	105
21	130	173	344	390	6	135	25	200	21	16	32	65	214	18	13	21	62	110
22	140	178	366	405	6	145	25	218	22	16	34	68	230	18	13	22	62	110
23	180	183	386	420	6	155	25	220	23	17	36	72	242	18	14	23	70	120

Suite

N°	12	13	14	15	16	17	18	19	20	21	22	23	24	25	26	27	Nombre de trous
1	15	.	"	24	133	90	8	13	23	5	22	6	32	28	8	36	3
2	16	.	.	28	142	90	11	14	30	5	25	7	35	33	9	42	3
3	16			29	164	115	14	15	35	5	28	8	38	36	9	46	3
4	20			30	183	115	16	17	42	6	31	9	43	41	9	50	3
5	22			34	206	130	18	20	47	6	34	9	45	45	10	55	4
6	24			36	226	130	21	22	54	7	40	10	54	50	10	60	4
7	24			38	241	140	24	25	59	7	43	10	56	52	10	62	4
8	26			40	265	140	26	27	66	7,5	49	11	58	55	11	66	4
9	26			40	282	155	29	30	71	7,5	43	11	58	55	11	66	4
10	27	8	3	40	310	155	32	32	78	8	50	12	66	62	12	74	4
11	27	8	3	42	326	175	34	32	83	8	50	12	66	62	12	74	4
12	28	10	3	43	351	175	37	34	90	9	54	13	72	66	14	80	4
13	29	12	3	43	358	195	39	34	95	9	54	13	72	66	14	80	4
14	30	14	4	44	396	195	42	38	100	9	56	13	74	71	15	86	4
15	30	15	4	46	405	200	45	38	105	9	58	14	76	71	15	86	4
16	31	16	4	50	428	205	47	40	112	10	60	15	80	75	15	90	4
17	31	17	4	50	440	210	50	40	117	10	60	15	80	75	15	90	5
18	32	18	4	52	457	220	54	42	122	10	60	15	80	75	15	90	5
19	33	20	5	56	496	230	59	48	134	11	68	16	90	84	16	100	5
20	34	22	6	56	530	240	64	54	144	11	68	16	90	84	16	100	6
21	35	24	6	66	575	250	70	60	156	12	76	17	100	93	17	110	6
22	36	24	7	66	605	265	75	66	166	12	76	17	100	93	17	110	7
23	38	24	8	74	645	270	80	72	178	13	84	18	100	102	18	120	7

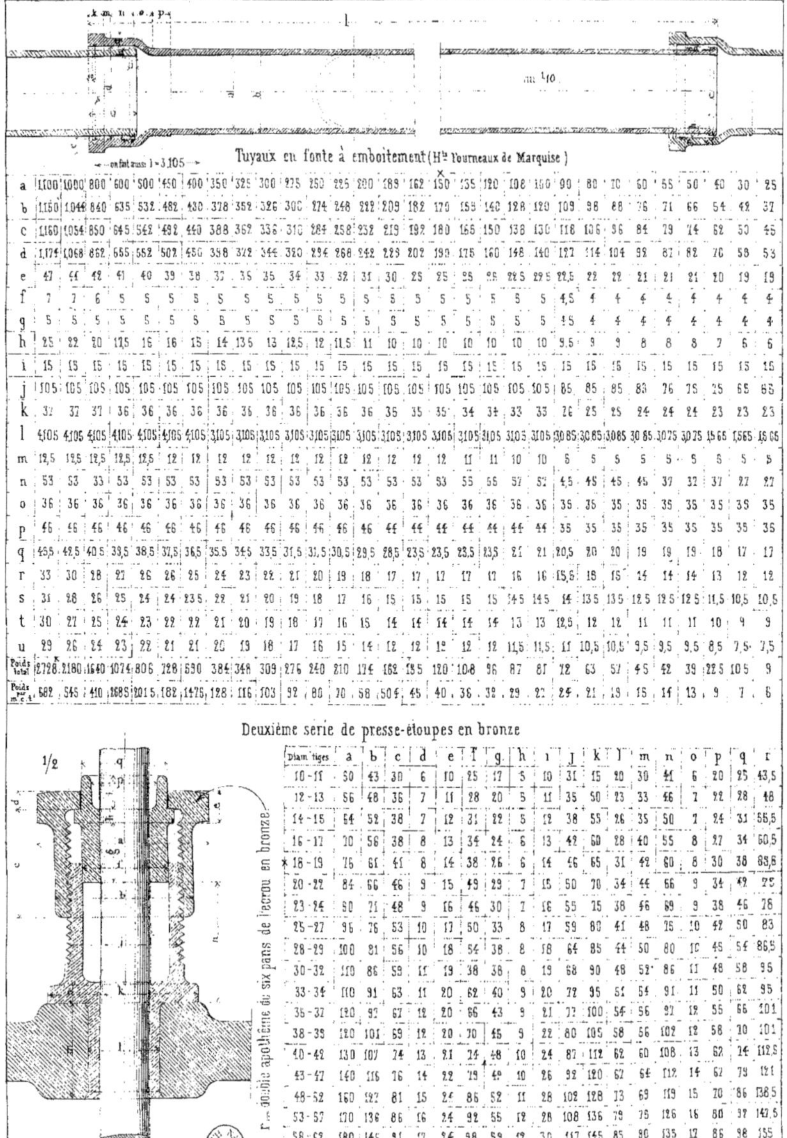

Tuyaux en fonte à emboîtement (Hts Fourneaux de Marquise)

a	1100	1000	800	600	500	450	400	350	325	300	275	250	225	200	189	162	150	135	120	108	100	90	80	70	60	55	50	40	30	25
b	1150	1044	840	635	532	482	430	378	352	326	300	274	248	222	209	182	170	155	140	128	120	109	98	88	76	71	66	54	42	37
c	1160	1054	850	645	542	492	440	388	362	336	310	284	258	232	219	192	180	166	150	138	130	118	106	96	84	79	74	62	50	45
d	1,174	1068	862	655	552	502	450	398	372	344	320	294	268	242	229	202	190	175	160	148	140	127	114	104	92	87	82	70	58	53
e	47	44	42	41	40	39	38	37	36	35	34	33	32	31	30	28	25	25	25	22,5	22,5	22,5	22	22	21	21	21	20	19	19
f	7	7	6	5	5	5	5	5	5	5	5	5	5	5	5	5	5	5	5	4,5	4	4	4	4	4	4	4	4	4	4
g	5	5	5	5	5	5	5	5	5	5	5	5	5	5	5	5	5	5	5	4,5	4	4	4	4	4	4	4	4	4	4
h	25	22	20	17,5	16	16	15	14	13,5	13	12,5	12	11,5	11	10	10	10	10	10	10	10	9,5	9	9	8	8	8	7	6	6
i	15	15	15	15	15	15	15	15	15	15	15	15	15	15	15	15	15	15	15	15	15	15	15	15	15	15	15	15	15	15
j	105	105	105	105	105	105	105	105	105	105	105	105	105	105	105	105	105	105	105	105	105	85	85	85	83	76	75	75	65	65
k	32	37	37	36	36	36	36	36	36	36	36	36	36	36	35	35	35	34	34	33	33	26	25	25	24	24	24	23	23	23
l	4,105	4,105	4,105	4,105	4,105	4,105	4,105	3,105	3,105	3,105	3,105	3,105	3,105	3,105	3,105	3,105	3,105	3,105	3,105	3,105	3,105	3,085	3,085	3,085	3,085	3,075	3,075	1,565	1,565	16,65
m	12,5	12,5	12,5	12,5	12,5	12	12	12	12	12	12	12	12	12	12	11	10	10	6	5	5	5	5	5	5	5	5	5	5	5
n	53	53	33	53	53	53	53	53	53	53	53	53	53	53	53	53	55	55	57	57	4,5	45	45	45	37	32	37	27	27	27
o	36	36	36	36	36	36	36	36	36	36	36	36	36	36	36	36	36	36	36	36	35	35	35	35	35	35	35	35	35	35
p	46	46	46	46	46	46	46	46	46	46	46	46	46	46	44	44	44	44	44	44	44	35	35	35	35	35	35	35	35	35
q	45,5	42,5	40,5	39,5	38,5	37,5	36,5	35,5	34,5	33,5	31,5	31,5	30,5	29,5	28,5	23,5	23,5	23,5	23,5	21	21	20,5	20	20	19	19	19	18	17	17
r	33	30	28	27	26	26	25	24	23	22	21	20	19	18	17	17	17	17	17	16	16	15,5	18	15	14	14	14	13	12	12
s	31	28	26	25	24	24	23,5	22	21	20	19	18	17	16	15	15	15	15	15	14,5	14,5	14	13,5	13,5	12,5	12,5	12,5	11,5	10,5	10,5
t	30	27	25	24	23	22	22	21	20	19	18	17	16	15	14	14	14	14	14	13	13	12,5	12	12	11	11	11	10	9	9
u	29	26	24	23	22	21	21	20	19	18	17	16	15	14	12	12	12	12	12	11,5	11,5	11	10,5	10,5	9,5	9,5	9,5	8,5	7,5	7,5
Poids total	2728	2180	1640	1074	806	728	590	384	348	309	276	240	210	174	162	135	120	108	96	87	81	72	63	57	45	42	39	22,5	10,5	9
Poids par m.c.t	582	545	410	268,5	201,5	182	147,5	128	116	103	92	80	70	58	50,4	45	40	36	32	29	27	25	21	19	15	14	13	9	7	6

Deuxième série de presse-étoupes en bronze

Diam tiges	a	b	c	d	e	f	g	h	i	J	k	l	m	n	o	p	q	r
10-11	50	43	30	6	10	25	17	5	10	31	15	20	30	41	6	20	25	43,5
12-13	56	48	36	7	11	28	20	5	11	35	50	23	33	46	7	22	28	48
14-15	64	52	38	7	12	31	22	5	12	38	55	26	35	50	7	24	31	55,5
16-17	70	56	38	8	13	34	24	6	13	42	60	28	40	55	8	27	34	60,5
18-19	76	61	41	8	14	38	26	6	14	46	65	31	42	60	8	30	38	63,6
20-22	84	66	46	9	15	49	29	7	15	50	70	34	44	66	9	34	42	75
23-24	90	71	48	9	16	46	30	7	16	55	15	38	46	69	9	38	46	78
25-27	96	76	53	10	17	50	33	8	17	59	80	41	48	75	10	42	50	83
28-29	100	81	56	10	18	54	38	8	18	64	85	44	50	80	10	45	54	86,5
30-32	110	86	59	11	19	38	38	8	19	68	90	48	52	86	11	48	58	95
33-34	110	91	63	11	20	62	40	9	20	72	95	51	54	91	11	50	62	95
36-37	120	97	67	12	20	66	43	9	21	77	100	54	56	97	12	55	66	101
38-39	120	101	69	12	20	70	45	9	22	80	105	58	56	102	12	58	70	101
40-42	130	107	74	13	21	74	48	10	24	87	112	62	60	108	13	62	74	112,5
43-47	140	116	76	14	22	79	49	10	26	92	120	67	64	112	14	67	79	121
48-52	160	127	81	15	24	86	52	11	28	102	128	73	69	119	15	70	86	138,5
53-57	170	136	86	16	24	92	55	12	28	108	136	79	75	126	16	80	97	147,5
58-62	180	146	91	17	24	98	59	12	30	117	145	85	90	135	17	86	98	155

BRIDES OVALES FORTES EN FER
Tuyau de 8 à 120 ᵐ/ₘ de diamètre

a	b	c	f	e			d	c	b	a
6	11	8	1	2,5					8	8
5	13	10	1	3					10	10	12
6	11	12	1	3	Pas de contre-bride	Jusqu'à 60 65			12	15	18
5,5	19	15	1	4					14	20	25
6,5	23	18	1	4					16	30	35
10,5	23	18	1	5					18	40	45
11,5	26	20	1,5	5					20	50	55
11,5	26	20	1,5	6			8	106	22	60	65
12,5	29	23	1,5	6			8	118	24	70	75
12,5	29	23	1,5	7			9	130	25	80	85
12,5	32	25	1,5	7			10	140	26	90	95
14	32	25	2	8			11	150	28	100	
14	35	28	2	8			11	162	29	105	110
14	35	28	2	8			12	172	30	115	120

BRIDES OVALES FORTES CORRESPONDANTES

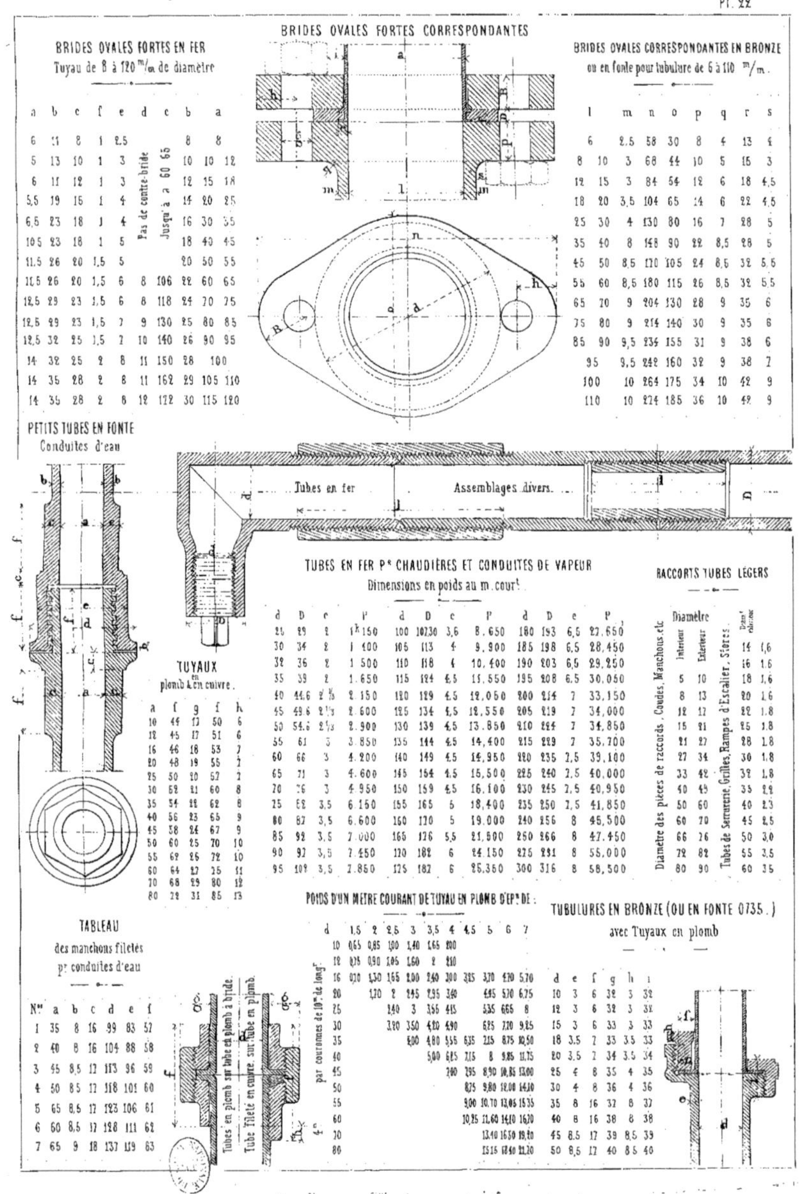

BRIDES OVALES CORRESPONDANTES EN BRONZE
ou en fonte pour tubulure de 6 à 110 ᵐ/ₘ.

l		m	n	o	p	q	r	s
6		2,5	58	30	8	4	13	4
8	10	3	68	44	10	5	15	3
12	15	3	84	54	12	6	18	4,5
18	20	3,5	104	65	14	6	22	4,5
25	30	4	130	80	16	7	28	5
35	40	8	148	90	22	8,5	28	5
45	50	8,5	170	105	24	8,5	32	5,5
55	60	8,5	180	115	26	8,5	32	5,5
65	70	9	204	130	28	9	35	6
75	80	9	214	140	30	9	35	6
85	90	9,5	234	155	31	9	38	6
95		9,5	242	160	32	9	38	7
100		10	264	175	34	10	42	9
110		10	274	185	36	10	42	9

PETITS TUBES EN FONTE
Conduites d'eau

TUYAUX
en plomb & en cuivre.

a	f	g	f	h
10	44	17	50	6
12	45	17	51	6
16	46	18	53	7
20	48	19	55	7
25	50	20	52	7
30	52	21	60	8
35	54	22	62	8
40	56	23	65	9
45	58	24	67	9
50	60	25	70	10
55	62	26	72	10
60	64	27	75	11
70	68	29	80	12
80	72	31	85	13

TUBES EN FER Pᵣ CHAUDIÈRES ET CONDUITES DE VAPEUR
Dimensions en poids au m. cour.

d	D	e	P	d	D	e	P	d	D	e	P
25	29	2	1ᵏ150	100	107,30	3,6	8.650	180	193	6,5	27.650
30	34	2	1 100	105	113	4	9.900	185	198	6,5	28.450
32	36	2	1 500	110	118	4	10.400	190	203	6,5	29.250
35	39	2	1.650	115	124	4,5	11.550	195	208	6,5	30.050
40	44,6	2½	2.150	120	129	4,5	12.050	200	214	7	33.150
45	49,6	2⅓	2.600	125	134	4,5	12.550	205	219	7	34.000
50	54,6	2⅓	2.900	130	139	4,5	13.850	210	224	7	34.850
55	61	3	3.850	135	144	4,5	14.400	215	229	7	35.700
60	66	3	4.200	140	149	4,5	14.950	220	235	7,5	39.100
65	71	3	4.600	145	154	4,5	15.500	225	240	7,5	40.000
70	76	3	4.950	150	159	4,5	16.100	230	245	7,5	40.950
75	82	3,5	6.150	155	165	5	18.400	235	250	7,5	41.850
80	87	3,5	6.600	160	170	5	19.000	240	256	8	45.500
85	92	3,5	7.000	165	176	5,5	21.500	250	266	8	47.450
90	97	3,5	7.450	170	182	6	24.150	275	291	8	55.000
95	109	3,5	7.850	175	182	6	25.360	300	316	8	58.500

RACCORDS TUBES LÉGERS

Diamètre des pièces de raccords. Coudes, Manchons etc — Tubes de Serrurerie, Grilles, Rampes d'Escalier, Stores.

Intérieur	Extérieur	Diam.ᵗ ext.
		14	1,6
		16	1,6
5	10	18	1,6
8	13	20	1,6
12	17	22	1,8
15	21	25	1,8
21	27	28	1,8
27	34	30	1,8
33	42	32	1,8
40	48	35	2,2
50	60	40	2,3
60	70	45	2,5
66	76	50	3,0
72	82	55	3,5
80	90	60	3,5

POIDS D'UN MÈTRE COURANT DE TUYAU EN PLOMB D'EPᵣ DE :

(par courrames de 10ᵐ. de long.)

d	1,5	2	2,5	3	3,5	4	4,5	5	6	7
10	0,65	0,85	1,00	1,40	1,65	2,00				
12	0,75	0,90	1,05	1,60	2	2,10				
16	0,90	1,30	1,65	2,00	2,60	3,00	3,25	3,70	4,70	5,70
20		1,70	2	2,45	2,95	3,60		4,45	5,70	6,75
25			2,40	3	3,55	4,15		5,35	6,65	8
30				3,20	3,50	4,20	4,90	6,25	7,20	9,85
35				3,90	4,80	5,55	6,35	7,15	8,75	10,50
40					5,00	6,85	7,15	8	9,85	11,75
45						7,60	7,95	8,90	10,85	13,00
50							8,75	9,80	12,00	14,10
55							9,00	10,70	13,05	15,35
60							10,25	11,60	14,10	16,70
70								13,40	16,50	19,80
80								15,15	17,40	21,20

TABLEAU
des manchons filetés pr conduites d'eau

Nᵒˢ	a	b	c	d	e	f
1	35	8	16	99	83	52
2	40	8	16	104	88	58
3	45	8,5	17	113	96	59
4	50	8,5	17	118	101	60
5	65	8,5	17	123	106	61
6	60	8,5	17	128	111	62
7	65	9	18	137	119	63

Tubes en plomb sur tube et plomb à bride. — Tube fileté en cuivre, sur tube en plomb.

TUBULURES EN BRONZE (OU EN FONTE 0735.)
avec Tuyaux en plomb

d	e	f	g	h	i
10	3	6	32	3	32
12	3	6	32	3	31
15	3	6	33	3	33
18	3,5	7	33	3,5	33
20	3,5	7	34	3,5	34
25	4	8	35	4	35
30	4	8	36	4	36
35	8	16	32	8	37
40	8	16	38	8	38
45	8,5	17	39	8,5	33
50	8,5	17	40	8,5	40

Autre série de clavetage des douilles en fer.

N: Le cône des douilles, agissant par traction et compression, est de 1‰ 4 par décim.tre
Les douilles agissant par traction seulement
sont cylindriques

½

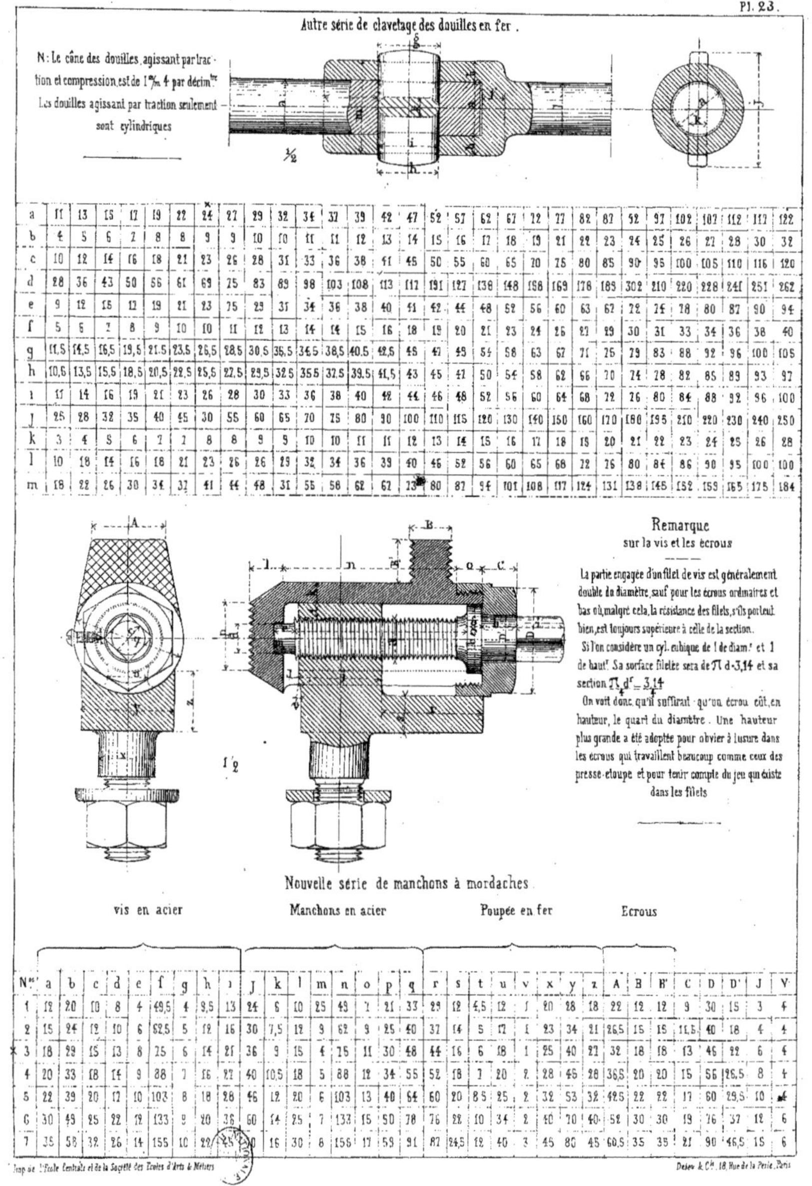

a	11	13	15	17	19	22	24	27	29	32	34	37	39	42	47	52	57	62	67	72	77	82	87	92	97	102	107	112	117	122
b	4	5	6	7	8	8	9	9	10	10	11	11	12	13	14	15	16	17	18	19	21	22	23	24	25	26	27	28	30	32
c	10	12	14	16	18	21	23	26	28	31	33	36	38	41	45	50	55	60	65	70	75	80	85	90	95	100	105	110	116	120
d	28	36	43	50	56	61	69	75	83	89	98	103	108	113	117	191	127	138	148	158	169	178	189	302	210	220	228	241	251	262
e	9	12	15	17	19	21	23	25	29	31	34	36	38	40	41	42	44	48	52	56	60	63	67	72	74	78	80	87	90	94
f	5	6	7	8	9	10	10	11	12	13	14	14	15	16	18	19	20	21	23	24	26	27	29	30	31	33	34	36	38	40
g	11,5	14,5	16,5	19,5	21,5	23,5	26,5	28,5	30,5	35,5	34,5	38,5	40,5	42,5	45	47	49	54	58	63	67	71	75	79	83	88	92	96	100	105
h	10,6	13,5	15,5	18,5	20,5	22,5	25,5	27,5	29,5	32,5	35,5	37,5	39,5	41,5	43	45	47	50	54	58	62	66	70	74	78	82	85	89	93	97
i	11	14	16	19	21	23	26	28	30	33	36	38	40	42	44	46	48	52	56	60	64	68	72	76	80	84	88	92	96	100
j	25	28	32	35	40	45	30	55	60	65	70	75	80	90	100	110	115	120	130	140	150	160	170	180	195	210	220	230	240	250
k	3	4	5	6	7	7	8	8	9	9	10	10	11	11	12	13	14	15	16	17	18	19	20	21	22	23	24	25	26	28
l	10	18	14	16	18	21	23	26	26	29	32	34	36	39	40	46	52	56	60	65	68	72	76	80	84	86	90	95	100	100
m	18	22	26	30	34	37	41	44	48	31	55	58	62	62	73	80	87	94	101	108	117	124	131	138	145	152	159	165	175	184

Remarque
sur la vis et les écrous

La partie engagée d'un filet de vis est généralement
double du diamètre, sauf pour les écrous ordinaires et
bas où, malgré cela, la résistance des filets, s'ils portent,
bien, est toujours supérieure à celle de la section.
Si l'on considère un cyl. cubique de 1 de diam.re et 1
de haut.re sa surface filetée sera de $\pi\,d \times 3,14$ et sa
section $\pi\,d^2\!r = 3,14$
On voit donc qu'il suffirait qu'un écrou eût, en
hauteur, le quart du diamètre. Une hauteur
plus grande a été adoptée pour obvier à l'usure dans
les écrous qui travaillent beaucoup comme ceux des
presse-étoupe et pour tenir compte du jeu qui existe
dans les filets

N°	a	b	c	d	e	f	g	h	i	J	k	l	m	n	o	p	q	r	s	t	u	v	x	y	z	A	B	B'	C	D	D'	J	V
1	12	20	10	8	4	49,5	4	9,5	13	24	6	10	25	49	7	21	33	29	12	4,5	12	1	20	28	18	22	12	12	9	30	15	3	4
2	15	24	12	10	6	52,5	5	12	16	30	7,5	12	9	62	9	25	40	37	14	5	17	1	23	34	21	26,5	15	15	11,5	40	18	4	4
3	18	29	15	13	8	25	6	14	21	36	9	15	4	75	11	30	48	44	16	6	18	1	25	40	27	32	18	18	13	46	22	6	4
4	20	33	18	14	9	88	7	16	27	40	10,5	18	5	88	12	34	55	52	18	7	20	2	28	46	28	36,5	20	20	15	56	26,5	8	4
5	22	39	20	17	10	103	8	18	28	46	12	20	6	103	13	40	64	60	20	8	25	2	32	53	32	42,5	22	22	17	60	29,5	10	4
6	30	49	25	22	12	133	9	20	36	60	14	25	7	133	15	50	78	76	22	10	34	2	40	70	40	52	30	30	19	76	37	12	6
7	35	58	32	26	14	155	10	22	45	[illegible]	16	30	8	156	17	59	91	87	24,5	12	40	3	45	80	45	60,5	35	35	21	90	46,5	15	6

Imp de l'École Centrale et de la Société des Écoles d'Arts & Métiers

Dejeu & Cie, 18, Rue de la Perle, Paris

Griffes à Pompes

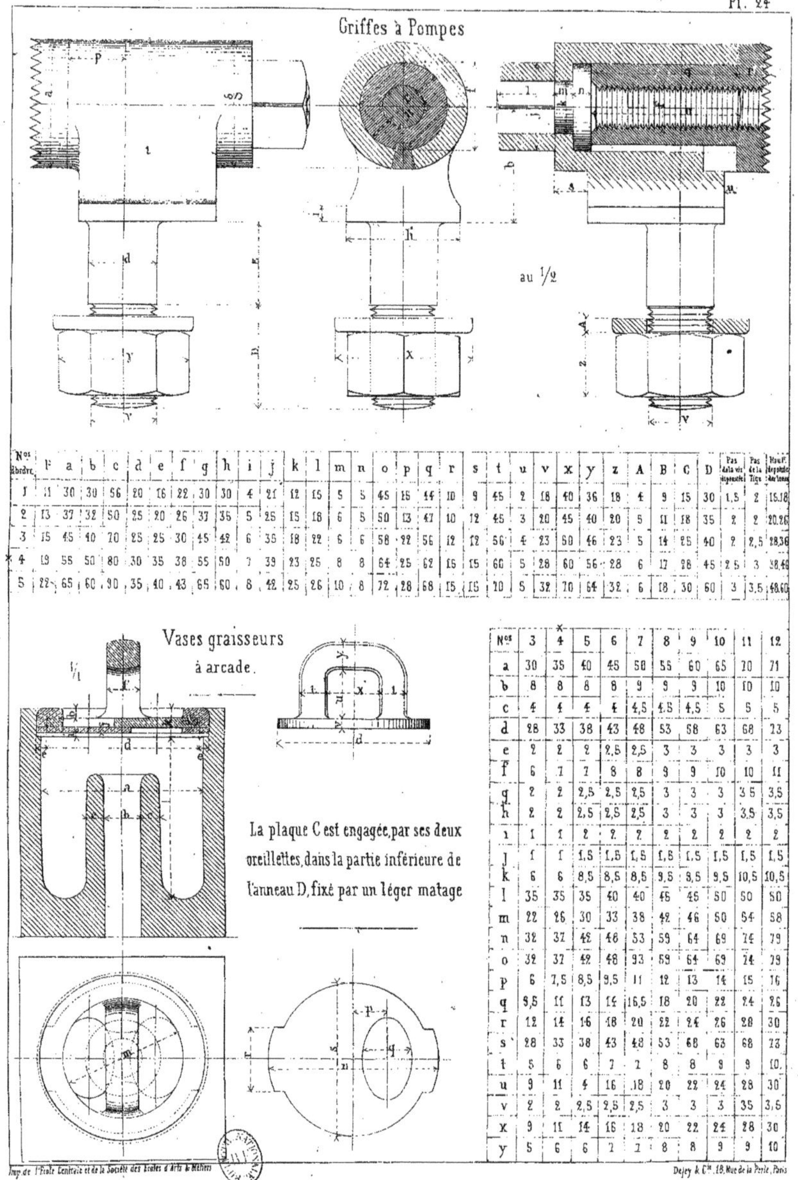

Nos d'ordre	F	a	b	c	d	e	f	g	h	i	j	k	l	m	n	o	p	q	r	s	t	u	v	x	y	z	A	B	C	D	Pas de la vis déposée	Pas de la Tige dér. [illegible]	Haut. déposée des [illegible]
1	11	30	30	56	20	16	22	30	30	4	21	12	15	5	5	45	15	14	10	9	45	2	18	40	36	18	4	9	15	30	1,5	2	15.18
2	13	37	32	50	25	20	26	37	35	5	25	15	18	6	5	50	13	47	10	12	45	3	20	45	40	20	5	11	18	35	2	2	20.26
3	15	45	40	70	25	25	30	45	42	6	35	18	22	6	6	58	22	56	12	12	56	4	23	60	46	23	5	14	25	40	2	2,5	28.36
4	19	55	50	80	30	35	38	55	50	7	39	23	25	8	8	64	25	62	15	15	60	5	28	60	56	28	6	17	28	45	2,5	3	38.48
5	22	65	60	90	35	40	43	65	60	8	42	25	26	10	8	72	28	68	15	15	70	5	32	70	64	32	6	18	30	60	3	3,5	48.60

Nos	3	4	5	6	7	8	9	10	11	12
a	30	35	40	45	50	55	60	65	70	71
b	8	8	8	8	9	9	9	10	10	10
c	4	4	4	4	4,5	4,5	4,5	5	5	5
d	28	33	38	43	48	53	58	63	68	73
e	2	2	2	2,5	2,5	3	3	3	3	3
f	6	7	7	8	8	9	9	10	10	11
g	2	2	2,5	2,5	2,5	3	3	3	3 5	3,5
h	2	2	2,5	2,5	2,5	3	3	3	3,5	3,5
i	1	1	2	2	2	2	2	2	2	2
j	1	1	1,5	1,5	1,5	1,5	1,5	1,5	1,5	1,5
k	6	6	8,5	8,5	8,5	9,5	9,5	9,5	10,5	10,5
l	35	35	35	40	40	45	45	50	50	50
m	22	26	30	33	38	42	46	50	54	58
n	32	37	42	48	53	59	64	69	74	79
o	32	37	42	48	93	59	64	69	74	79
p	6	7,5	8,5	9,5	11	12	13	14	15	16
q	9,5	11	13	14	16,5	18	20	22	24	26
r	12	14	16	18	20	22	24	26	28	30
s	28	33	38	43	48	53	68	63	68	73
t	5	6	6	7	7	8	8	9	9	10
u	9	11	4	16	18	20	22	24	28	30
v	2	2	2,5	2,5	2,5	3	3	3	35	3,5
x	9	11	14	16	18	20	22	24	28	30
y	5	6	6	7	7	8	8	9	9	10

SÉRIES OU ÉLEMENTS PROPORTIONNELS DE CONSTRUCTION

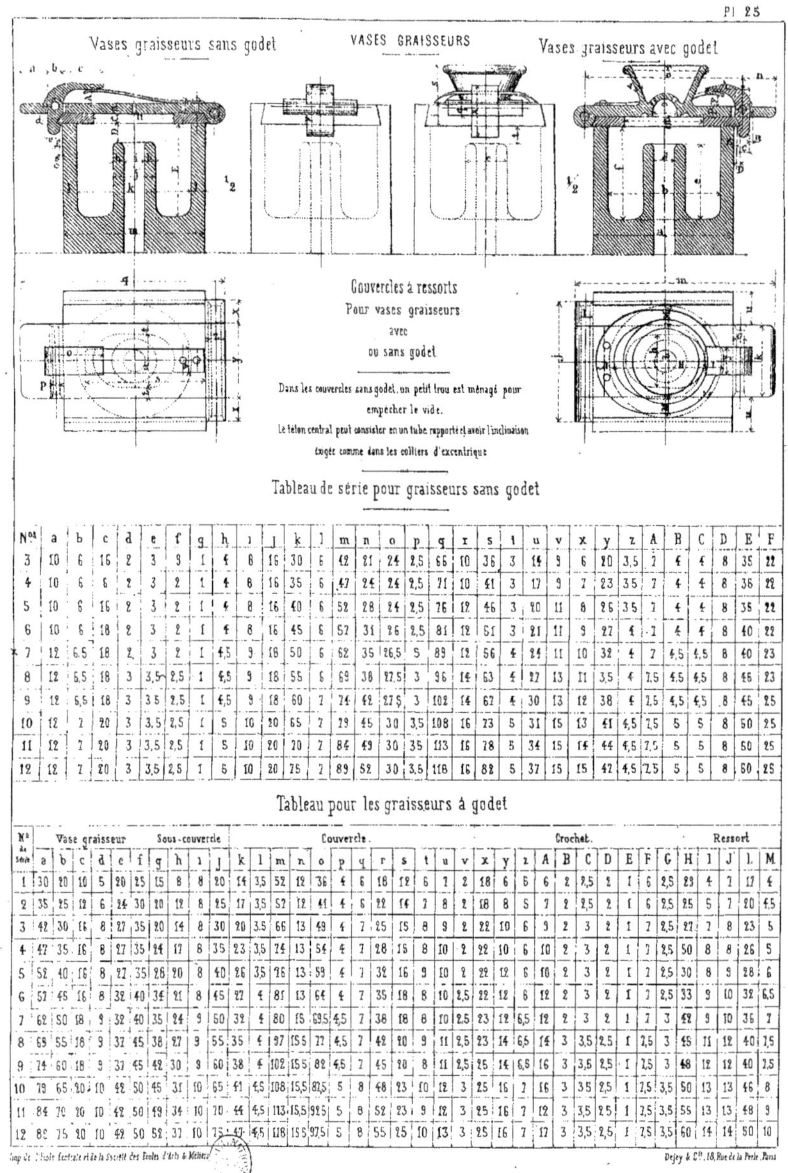

Couvercles à ressorts
Pour vases graisseurs
avec
ou sans godet

Dans les couvercles sans godet, un petit trou est ménagé pour empêcher le vide.

Le téton central peut consister en un tube rapporté et avoir l'inclinaison exigée comme dans les colliers d'excentrique.

Tableau de série pour graisseurs sans godet

N°s	a	b	c	d	e	f	g	h	i	j	k	l	m	n	o	p	q	r	s	t	u	v	x	y	z	A	B	C	D	E	F
3	10	6	16	2	3	9	1	4	8	16	30	6	42	21	24	2,5	66	10	36	3	14	9	6	20	3,5	7	4	4	8	35	22
4	10	6	6	2	3	2	1	4	6	16	35	6	47	24	24	2,5	71	10	41	3	17	9	7	23	3,5	7	4	4	8	36	22
5	10	6	16	2	3	2	1	4	8	16	40	6	52	28	24	2,5	76	12	46	3	20	11	8	26	3,5	7	4	4	8	35	22
6	10	6	18	2	3	2	1	4	8	16	45	6	57	31	26	2,5	81	12	51	3	21	11	9	27	4	7	4	4	8	40	22
7	12	6,5	18	2	3	2	1	4,5	9	18	50	6	62	35	26,5	5	89	12	56	4	24	11	10	32	4	7	4,5	4,5	8	40	23
8	12	6,5	18	3	3,5	2,5	1	4,5	9	18	55	6	69	38	27,5	3	96	14	63	4	27	13	11	35	4	7,5	4,5	4,5	8	46	23
9	12	6,5	18	3	3,5	2,5	1	4,5	9	18	60	7	74	42	27,5	3	102	14	67	4	30	13	12	38	4	7,5	4,5	4,5	8	45	25
10	12	7	20	3	3,5	2,5	1	5	10	20	65	7	79	45	30	3,5	108	16	73	5	31	15	13	41	4,5	7,5	5	5	8	50	25
11	12	7	20	3	3,5	2,5	1	5	10	20	70	7	84	49	30	3,5	113	16	78	5	34	15	14	44	4,5	7,5	5	5	8	50	25
12	12	7	20	3	3,5	2,5	1	5	10	20	75	7	89	52	30	3,5	118	16	82	5	37	15	15	42	4,5	7,5	5	5	8	50	25

Tableau pour les graisseurs à godet

N° de série	Vase graisseur										Sous-couvercle / Couvercle															Crochet								Ressort			
	a	b	c	d	e	f	g	h	i	j	k	l	m	n	o	p	q	r	s	t	u	v	x	y	z	A	B	C	D	E	F	G	H	I	J	L	M
1	30	20	10	5	20	25	15	8	8	20	14	3,5	52	12	36	4	6	18	12	6	1	2	18	6	5	6	2	2,5	2	1	6	2,5	23	4	1	17	4
2	35	25	12	6	24	30	20	12	8	25	17	3,5	52	12	41	4	6	22	14	7	8	2	18	8	5	7	2	2,5	2	1	6	2,5	25	5	7	20	4,5
3	42	30	14	8	27	35	20	14	8	30	20	3,5	66	13	49	4	7	25	15	8	9	2	22	10	6	9	2	3	2	1	7	2,5	27	7	8	23	5
4	47	35	16	8	27	35	24	17	8	35	23	3,5	74	13	54	4	7	28	15	8	10	2	22	10	6	10	2	3	2	1	7	2,5	50	8	8	26	5
5	52	40	16	8	27	35	26	20	8	40	26	3,5	76	13	59	4	7	32	16	9	10	2	22	12	6	10	2	3	2	1	7	2,5	30	8	9	28	6
6	57	45	16	8	32	40	34	21	8	45	27	4	85	13	64	4	7	35	18	8	10	2,5	22	12	6	12	2	3	2	1	7	2,5	33	9	10	32	6,5
7	62	50	18	9	32	40	35	24	9	50	32	4	80	15	69	4,5	7	38	18	8	10	2,5	23	12	6,5	12	2	3	2	1	7	3	42	9	10	36	7
8	68	55	18	9	32	45	38	27	9	55	35	4	97	15	77	4,5	7	42	20	9	11	2,5	23	14	6,5	14	3	3,5	2,5	1	2,5	3	45	11	12	40	7,5
9	74	60	18	9	37	45	42	30	9	60	38	4	102	15	82	4,5	7	45	20	8	11	2,5	25	14	6,5	16	3	3,5	2,5	1	2,5	3	48	12	12	40	7,5
10	79	65	20	10	42	50	45	31	10	65	41	4,5	108	15,5	82,5	5	8	48	23	10	12	3	25	16	7	16	3	3,5	2,5	1	7,5	3,5	50	13	13	46	8
11	84	70	20	10	42	50	49	34	10	70	44	4,5	113	15,5	92,5	5	8	52	23	9	12	3	25	16	7	12	3	3,5	2,5	1	7,5	3,5	55	13	13	48	9
12	86	75	20	10	42	50	52	37	10	75	47	4,5	118	15,5	97,5	5	8	55	25	10	13	3	25	16	7	17	3	3,5	2,5	1	7,5	3,5	60	14	14	50	10

Imp. de l'École Centrale et de la Société des Écoles d'Arts et Métiers — Dejey & Cie, 18, Rue de la Perle, Paris

SÉRIES OU ÉLÉMENTS PROPORTIONNELS DE CONSTRUCTION

Vases graisseurs sphériques

Nos	1	2	3	4	5	6
a	10	12	14	16	18	20
b	10	11	12	13	15	17
c	5	6	7	8	9	10
d	15	18	20	23	26	28
e	30	36	40	46	50	56
f	15	18	20	23	25	28
g	12	14	16	18	20	22
h	16	19	23	26	30	34
i	19	23	27	31	35	39
j	8	8	9	10	10	11
k	22	32	42	53	65	80
l	8	9	10	11	12	13
m	34	40	46	52	60	68
n	10	13	15	17	19	21

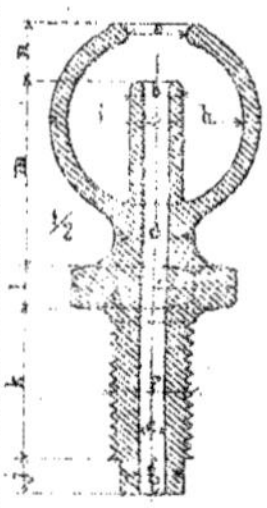

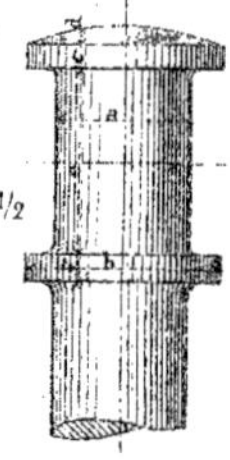

Vases graisseurs pour paliers

½

Vases graisseurs pour têtes de bielles

Nos	1	2	3	4	5	6
a	5	6	7	8	9	10
b	10	12	14	16	17	18
c	17	19	23	27	31	35
d	7	8	9	10	11	12
e	2	2	2,5	2,5	3	3
f	34	40	47	54	63	70
g	2	2,5	2,5	2,5	3	3
h	27	33	39	46	53	61
i	3	3	3	3,5	3,5	4
j	40	50	60	70	80	90
k	15	18	20	23	25	28
l	10	12	15	17	20	22
m	5	5,5	6	6,5	7	8
n	4	4,5	5	5,5	6	6,5
o	2,5	3	3,5	4	5	6
p	7	8	9	9	10	10
q	22	31	42	54	66	80
r	9	10	11	12	13	14
s	12	15	18	21	25	30
t	6	7	8	9	10	11
u	12	14	17	19	23	26

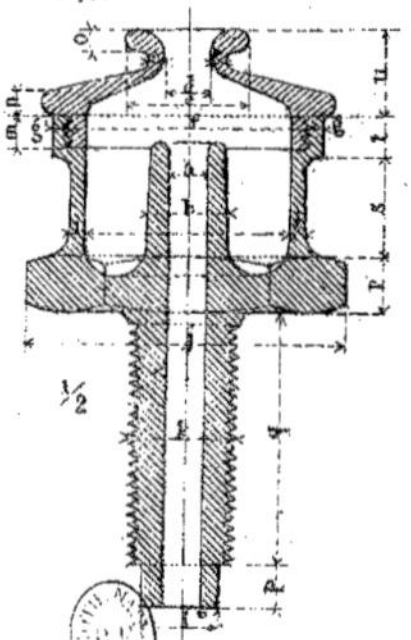

½   ½

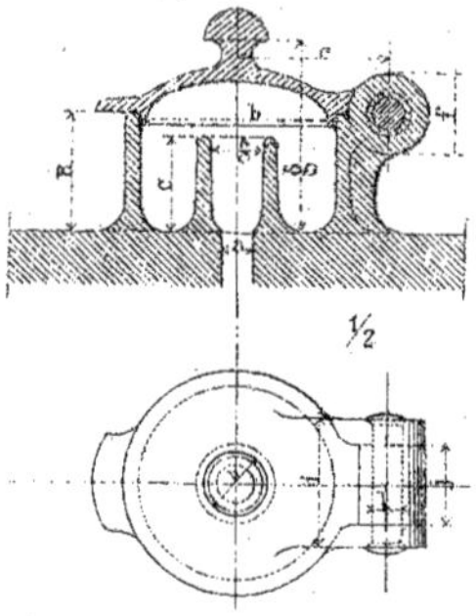

Embases pour transmissions

	a	b	c	d	e	f
×	30	42	40	3	5	6
	35	48	46	3	6	7
	40	54	52	4	6	8
	45	60	58	4	7	9
	50	66	64	4	8	10
	55	72	70	4	9	11
	60	78	76	5	9	12
	65	84	82	5	10	13
	70	90	84	5	11	14
	75	96	94	5	12	16
	80	102	100	7	12	17
	85	108	106	7	14	18
	90	114	112	8	14	19
	95	120	118	8	15	20
	100	126	126	8	16	21
	105	132	132	8	18	22
	110	138	138	9	18	23
	115	144	144	9	19	24
	120	151	150	10	20	25
	125	156	156	10	21	26
	130	160	160	10	22	27

On fait aussi $c = 1,25\,a$, $c = 1,40\,a$ et même jusqu'à $c = 2\,a$. Mais il est préférable pour diminuer l'usure s'il travaille ou au frottement doux $c = 1,5\,a$ et mieux $c = 2\,a$ et plus.

½

Vases graisseurs pour paliers

Ceux des autres Nos sont en fonte. — Les couvercles des graisseurs Nos 1 2 3 4 5 6 sont en bronze. — Dans ce tableau la lettre a indique l'alésage des coussinets.

N	a	B	C	b	c	d	c	f	g	h	i	J	k
1	40	18	14	34	10	6	25	15	33	12	22	14	3
	45	22	18	34	10	6	25	18	33	12	22	14	6
	50	26	22	34	10	6	25	15	33	12	22	14	6
	55	30	26	34	10	6	25	15	33	12	22	14	6
2 ×	60	26	21	44	12	7	33	18	43	14	28	18	7
	65	30	25	44	12	7	33	18	43	14	28	18	7
	70	34	29	44	12	7	33	18	43	14	28	18	7
	75	38	32	44	12	7	33	18	43	14	28	18	7
3	80	30	25	54	15	9	39	20	52	16	34	22	8
	85	34	29	54	15	9	39	20	52	16	34	22	8
	90	38	33	54	15	9	39	20	52	16	34	22	8
	95	42	37	54	15	9	39	20	52	16	34	22	8
	100	46	41	54	15	9	39	20	52	16	34	22	8
4	105	36	30	64	18	11	46	22	60	17	38	26	9
	110	40	34	64	18	11	46	22	60	17	38	26	9
	115	44	38	64	18	11	46	22	60	17	38	26	9
	120	48	42	64	18	11	46	22	60	17	38	26	9
	125	52	46	64	18	11	46	22	60	17	38	26	9
5	130	42	35	74	20	13	52	24	67	18	44	30	10
	135	46	39	74	20	13	52	24	67	18	44	30	10
	140	50	43	74	20	13	52	24	67	18	44	30	10
	145	54	47	74	20	13	52	24	67	18	44	30	10
	150	58	51	74	20	13	52	24	67	18	44	30	10
6	155	48	40	83	20	14	57	26	73	20	50	34	11
	160	52	44	83	20	14	57	26	73	20	50	34	11
	165	56	48	83	20	14	57	26	73	20	50	34	11
	170	60	52	83	20	14	57	26	73	20	50	34	11
	175	64	56	83	20	14	57	28	73	20	50	34	11
7	180	54	46	90	22	15	62	29	81	22	56	38	12
	185	58	50	90	22	15	62	29	81	22	56	38	12
	190	62	54	90	22	15	62	29	81	22	56	38	12
	195	66	58	90	22	15	62	29	81	22	56	38	12
	200	70	62	90	22	15	62	29	81	22	56	38	12
8	210	62	55	100	24	16	68	30	75	30	68	40	12
	220	70	63	100	24	16	68	30	75	30	68	40	12
	230	78	71	100	24	16	68	30	75	30	68	40	12
	240	86	79	100	24	16	68	30	75	30	68	40	12
	250	94	87	100	24	16	68	30	75	30	68	40	12
9	260	74	66	110	26	17	75	32	86	32	75	42	12
	270	82	74	110	26	17	75	32	86	32	75	42	12
	280	90	82	110	26	17	75	32	86	32	75	42	12
	290	98	90	110	26	17	75	32	86	32	75	42	12
	300	106	98	110	26	17	75	32	86	32	75	42	12
10	310	88	78	120	28	18	81	34	104	34	77	44	13
	320	98	88	120	28	18	81	34	104	34	77	44	13
	330	108	98	120	28	18	81	34	104	34	77	44	13
	340	118	108	120	28	18	81	34	104	34	77	44	13
	350	128	118	120	28	18	81	34	104	34	77	44	13
11	360	104	93	134	30	20	88	36	123	38	82	46	13
	370	114	103	134	30	18	88	36	123	38	82	46	13
	380	124	113	134	30	18	88	36	123	38	82	46	13
	390	134	123	134	30	18	86	36	123	38	82	46	13
	410	144	133	134	30	18	88	36	123	38	82	46	13

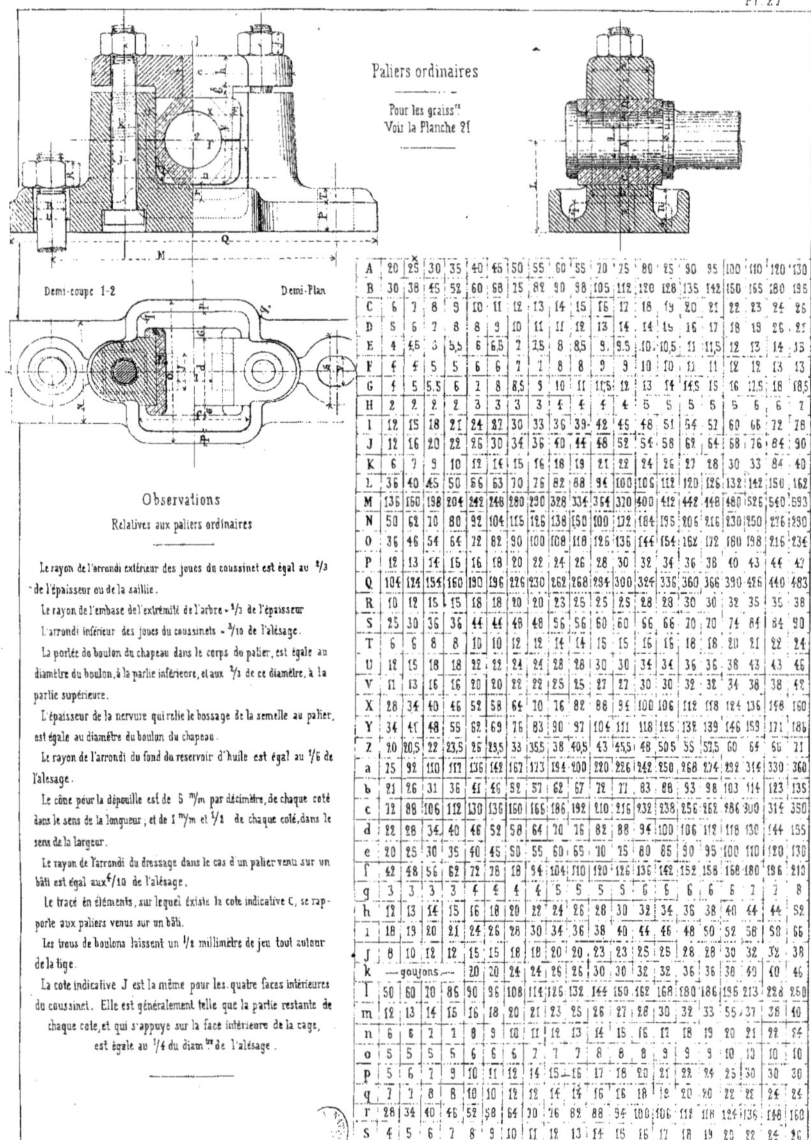

Observations
Relatives aux paliers ordinaires

Le rayon de l'arrondi extérieur des joues du coussinet est égal au 1/3 de l'épaisseur ou de la saillie.

Le rayon de l'embase de l'extrémité de l'arbre = 1/3 de l'épaisseur

L'arrondi inférieur des joues du coussinets = 3/10 de l'alésage.

La portée du boulon du chapeau dans le corps du palier, est égale au diamètre du boulon, à la partie inférieure, et aux 2/3 de ce diamètre, à la partie supérieure.

L'épaisseur de la nervure qui relie le bossage de la semelle au palier, est égale au diamètre du boulon du chapeau.

Le rayon de l'arrondi du fond du reservoir d'huile est égal au 1/6 de l'alésage.

Le cône pour la dépouille est de 5 ᵐ/ₘ par décimètre, de chaque coté dans le sens de la longueur, et de 1 ᵐ/ₘ et 1/2 de chaque coté, dans le sens de la largeur.

Le rayon de l'arrondi du dressage dans le cas d'un palier venu sur un bâti est égal aux 6/10 de l'alésage.

Le tracé en éléments, sur lequel existe la cote indicative C, se rapporte aux paliers venus sur un bâti.

Les trous de boulons laissent un 1/2 millimètre de jeu tout autour de la tige.

La cote indicative J est la même pour les quatre faces intérieures du coussinet. Elle est généralement telle que la partie restante de chaque cote, et qui s'appuie sur la face intérieure de la cage, est égale au 1/4 du diamètre de l'alésage.

A	20	25	30	35	40	45	50	55	60	65	70	75	80	85	90	95	100	110	120	130
B	30	38	45	52	60	68	75	82	90	98	105	112	120	128	135	142	150	165	180	195
C	6	7	8	9	10	11	12	13	14	15	16	17	18	19	20	21	22	23	24	26
D	5	6	7	8	8	9	10	11	11	12	13	14	14	15	16	17	18	19	20	21
E	4	4,5	5	5,5	6	6,5	7	7,5	8	8,5	9	9,5	10	10,5	11	11,5	12	13	14	15
F	4	4	5	5	6	6	7	7	8	8	9	9	10	10	11	11	12	12	13	13
G	4	5	5,5	6	7	8	8,5	9	10	11	11,5	12	13	14	14,5	15	16	17,5	18	18,5
H	2	2	2	2	3	3	3	3	4	4	4	4	5	5	5	5	5	6	6	7
I	12	15	18	21	24	27	30	33	36	39	42	45	48	51	54	57	60	66	72	78
J	12	16	20	22	26	30	34	36	40	44	48	52	54	58	62	64	68	76	84	90
K	6	7	9	10	12	14	15	16	18	19	21	22	24	26	27	28	30	33	36	40
L	36	40	45	50	56	63	70	76	82	88	94	100	106	112	120	126	132	142	150	162
M	136	160	198	204	242	248	280	290	328	334	364	370	400	412	442	448	480	526	540	593
N	50	62	70	80	92	104	115	126	138	150	160	172	184	195	206	216	230	250	276	290
O	36	46	54	64	72	82	90	100	108	118	126	136	144	154	162	172	180	198	216	234
P	12	13	14	15	16	18	20	22	24	26	28	30	32	34	36	38	40	43	44	47
Q	104	124	154	160	190	196	226	230	262	268	294	300	324	336	360	366	390	426	440	483
R	10	12	15	15	18	18	20	20	23	25	25	25	28	28	30	30	32	35	35	38
S	25	30	36	36	44	44	48	48	56	56	60	60	66	66	70	70	74	84	84	90
T	6	6	8	8	10	10	12	12	14	14	15	15	16	16	18	18	20	21	22	24
U	12	15	18	18	22	22	24	24	28	28	30	30	34	34	36	36	38	43	43	46
V	11	13	16	16	20	20	22	22	25	25	27	27	30	30	32	32	34	38	38	42
X	28	34	40	46	52	58	64	70	76	82	88	94	100	106	112	118	124	136	148	160
Y	34	41	48	55	62	69	76	83	90	97	104	111	118	125	132	139	146	159	171	186
Z	20	20,5	22	23,5	26	28,5	33	35,5	38	40,5	43	45,5	48	50,5	55	57,5	60	64	66	71
a	75	92	110	117	136	142	167	173	194	200	220	226	242	250	268	274	292	314	330	360
b	21	26	31	36	41	46	52	57	62	67	72	77	83	88	93	98	103	114	123	135
c	72	88	106	112	130	136	160	166	186	192	210	216	232	238	256	262	286	300	314	350
d	22	28	34	40	46	52	58	64	70	76	82	88	94	100	106	112	118	130	144	155
e	20	25	30	35	40	45	50	55	60	65	70	75	80	85	90	95	100	110	120	130
f	42	48	56	62	72	78	88	94	104	110	120	126	136	142	152	158	168	180	196	213
g	3	3	3	3	4	4	4	4	5	5	5	5	6	6	6	6	6	7	7	8
h	12	13	14	15	16	18	20	22	24	26	28	30	32	34	36	38	40	44	44	52
i	18	19	20	21	24	26	28	30	34	36	38	40	44	46	48	50	52	56	58	66
j	8	10	12	12	15	15	18	18	20	20	23	23	25	25	28	28	30	32	32	38
k	— goujons —				20	20	24	24	26	26	30	30	32	32	36	36	38	40	40	46
l	50	60	70	86	90	96	108	114	126	132	144	150	162	168	180	186	195	213	228	250
m	12	13	14	15	16	18	20	21	23	25	26	27	28	30	32	33	35	37	38	40
n	6	6	7	7	8	9	10	11	12	13	14	15	16	17	18	19	20	21	22	24
o	5	5	5	5	6	6	6	7	7	7	8	8	8	9	9	9	10	10	10	10
p	5	6	7	9	10	11	12	14	15	16	17	18	20	21	22	24	25	30	30	30
q	7	7	8	8	10	10	12	12	14	14	16	16	18	18	20	20	22	22	24	24
r	28	34	40	46	52	58	64	70	76	82	88	94	100	106	112	118	124	136	148	160
S	4	5	6	7	8	9	10	11	12	13	14	15	16	17	18	19	20	22	24	26

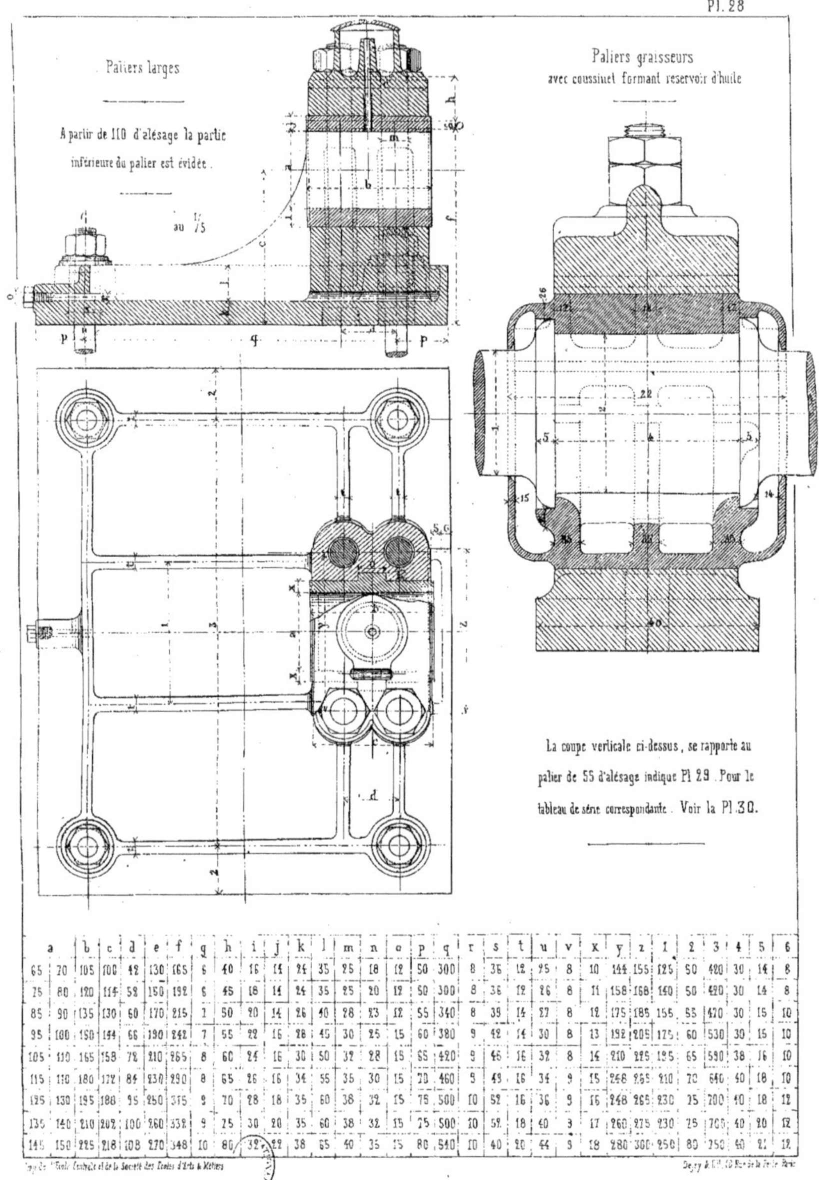

	a	b	c	d	e	f	g	h	i	j	k	l	m	n	o	p	q	r	s	t	u	v	x	y	z	1	2	3	4	5	6
65	70	105	100	42	130	165	6	40	16	11	24	35	25	18	12	50	300	8	36	12	25	8	10	144	155	125	50	420	30	14	8
75	80	120	114	52	150	192	6	45	18	11	24	35	25	20	12	50	300	8	36	12	26	8	11	158	168	140	50	420	30	14	8
85	90	135	130	60	170	215	7	50	20	14	26	40	28	23	12	55	340	8	39	14	27	8	12	175	185	155	55	470	30	15	10
95	100	150	144	66	190	242	7	55	22	16	28	45	30	25	15	60	380	9	42	14	30	8	13	192	205	175	60	530	30	15	10
105	110	165	158	72	210	265	8	60	24	16	30	50	32	28	15	65	420	9	45	16	32	8	14	210	225	195	65	590	38	16	10
115	120	180	172	84	230	290	8	65	26	16	34	55	35	30	15	70	460	9	49	16	34	9	15	248	265	210	70	640	40	18	10
125	130	195	188	95	250	375	9	70	28	18	35	60	38	32	15	75	500	10	52	16	36	9	16	248	265	230	75	700	40	18	12
135	140	210	202	100	260	332	9	75	30	20	35	60	38	32	15	75	500	10	52	18	40	3	17	260	275	230	75	700	40	20	12
145	150	225	218	108	270	348	10	80	32	22	38	65	40	35	15	80	540	10	40	20	44	3	18	280	300	250	80	750	40	21	12

Imp. de l'École Centrale et de la Société des Écoles d'Arts & Métiers

Degry & Cie, 19 Rue de la Folie. Paris

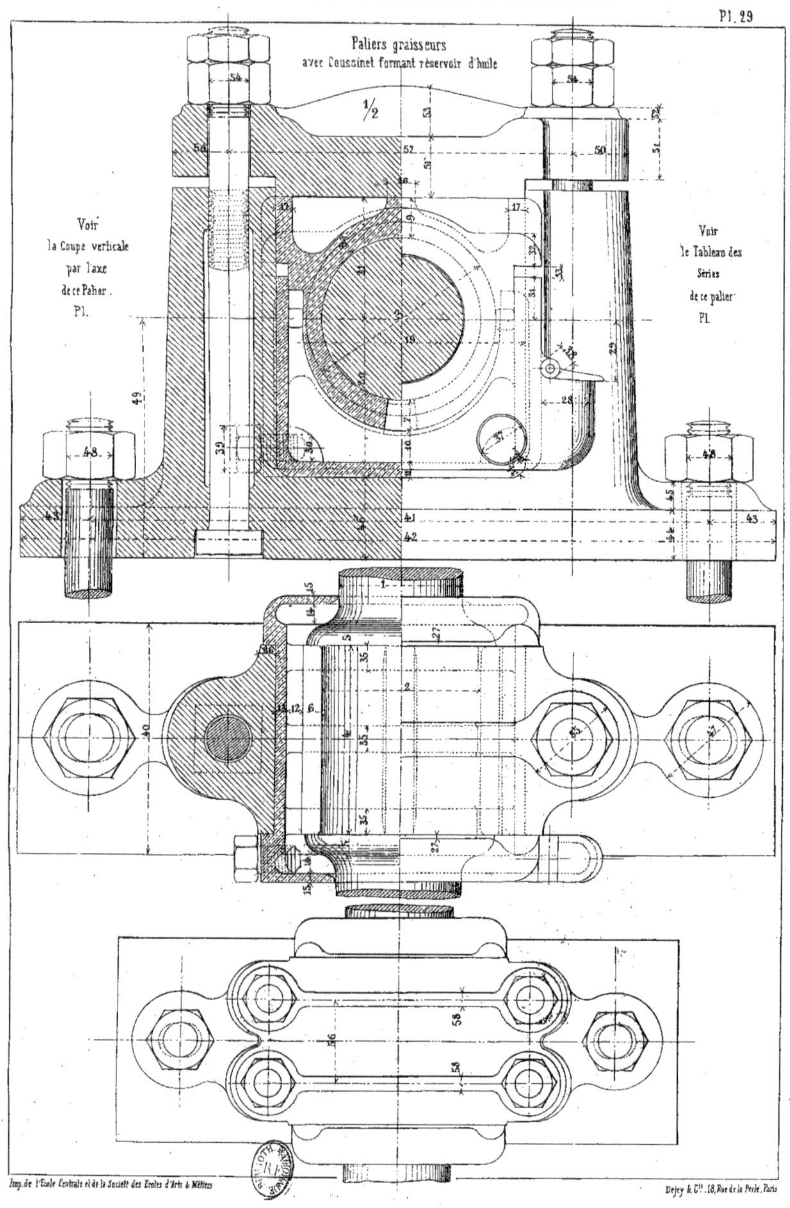
Paliers graisseurs
avec Coussinet formant réservoir d'huile
½
Voir
la Coupe verticale
par l'axe
de ce Palier.
Pl.
Voir
le Tableau des
Séries
de ce palier
Pl.

Voir pour les figures en élévation et en plan (Pl)							Paliers graisseurs avec coussinet formant reservoir d'huile								Voir pour la coupe transversale (Pl.)						
Groupe	N																					
Coussinets du Palier	1	20	25	30	35	40	45	50	55	60	65	70	75	80	85	90	95	100	110	120	130	140	150
	2	30	36	42	48	54	60	64	70	76	82	86	92	98	104	108	114	120	130	142	152	164	174
	3	38	44	52	58	66	72	78	84	92	98	104	110	118	124	130	136	144	154	168	178	190	200
	4	30	38	45	52	60	68	75	82	90	98	105	112	120	128	135	142	150	165	180	195	210	225
	5	5	5	6	6	7	7	8	9	10	11	12	13	14	15	16	17	18	20	21	22	23	25
	6	5	5	6	6	7	7	8	8	9	9	10	10	11	11	12	12	13	14	15	16	17	18
	7	7	7	8	9	10	11	12	13	14	15	16	17	18	19	20	21	22	24	26	28	30	32
	8	6	6	7	7	8	9	10	10	11	12	13	13	13	13	14	14	15	16	17	18	20	22
	9	10	10	11	12	13	14	16	17	18	19	21	22	23	25	27	29	30	31	32	34	36	38
	10	5	7	7	8	9	11	12	14	15	15	16,5	15,5	17	18	28	22	23	23	24	26	26,5	28
	11	4	4,5	4,5	5	5	5,5	5,5	6	16	7	7	7,5	7,5	8	8	9	9	9,5	10	10,5	11,5	12
	12	5	5	5	5	6	6	7	7	8	8	9	9	9	10	10	10	11	11	11	12	12	12
	13	3	3,5	3,6	4	4	4,5	5	5	5,5	5,5	6	6	6,5	6,5	7	7	7	8	8,5	9	9,5	10
	14	4	4	5	5	6	7	8	9	10	11	12	13	13	14	14	15	15	16	17	18	19	20
	15	2,5	2,5	3	3	3	3,5	3,5	3,5	4	4	4	4,5	4,5	4,5	5	5	5	3,5	5,5	5,5	6	6
	16	7	7	8	8	9	10	11	12	13	14	14	15	16	17	18	19	20	21	22	23	24	25
	17	4	4	5	5	6	6	7	7	8	8	9	9	10	10	11	11	12	12	13	13	14	15
	18	6	6	7	7	8	8	9	9	10	10	11	11	12	12	13	13	14	14	15	16	17	18
	19	56	63	71	78	88	95	104	110	121	127	135	142	151	159	166	172	182	196	211	226	2,41	25,4
	20	31	36,5	40,5	46	51	52,5	62	68	74	78	83	87	92	97	103	109	114,5	122	131,5	1,14	150	159
	21	25	28	32	36	40	44	48	52	56	60	64	68	72	76	81	86	90	96	103	110	118	125
	22	33	61	73	80	92	103	114	125	138	150	161	173	183	195	205	216	226	247	266	285	306	327
	23	28	32	36	40	45	50	55	60	65	70	75	80	85	90	95	100	105	110	115	122	128	135
	24	10	12	15	17	19	21	23	25	27	29	30	32	34	36	38	40	42	45	49	53	57	61
	25	4	4	5	5	6	6	7	8	9	9	10	11	12	12	13	14	15	16	17	18	18	19
	26	3	3,5	4	4	5	5	6	6	7	7	8	8	9	9	11	11	12	13	13	14	14	15
	27	1	1	1,5	1,5	2	2	2	2,5	2,5	2,5	2,5	3	3	3	3	3	4	4	4	4	4	4
	28	10	11	12	14	16	18	20	21	22	24	26	28	30	32	34	36	38	40	42	44	46	48
	29	11	13,5	16	18,5	21	23,5	26	26,5	31	33,5	36	38,5	41	43,5	46	48,5	51	56	61	66	71	76
	30	6	6	8	8	10	10	12	12	12	15	15	15	18	18	18	18	20	20	20	20	23	23
	31	8	9	10	11	13	15	17	18	19	20	21	22	23	24	25	26	28	30	32	34	35	37
	32	7	9	12	13	15	17	18	20	22	24	24	26	28	30	31	33	36	37	41	44	48	51
	33	3	3	3	4	4	4	4	5	5	5	6	6	6	6	7	7	7	8	8	9	9	10
	34	5	5	6	6	6	6	7	7	8	8	9	9	10	10	11	11	12	13	14	15	16	17
	35	4	5	6	7	8	9	10	11	12	13	14	15	16	17	18	19	20	21	22	23	24	26
	36	4	4	5	5	6	6	7	7	8	8	9	9	10	10	11	11	12	12	13	13	14	14
	37	22	22	22	22	22	22	22	22	22	22	22	22	22	22	22	22	22	22	22	22	22	22
	38	25	25	25	25	3	3	3	3	3	3	3	3	3	3,5	3,5	3,5	3,5	3,5	3,5	4	4	4
	39	10	10	12	12	16	16	20	20	20	24	24	24	30	30	30	30	36	36	36	36	40	40
Corps du palier	40	40	48	37	64	74	82	91	100	110	120	129	138	148	153	167	176	186	205	222	239	256	275
	41	148	155	188	195	230	238	270	275	312	320	350	360	380	385	412	434	465	465	480	510	540	570
	42	188	195	232	240	282	290	330	335	382	390	428	436	465	470	500	530	555	585	620	660	690	735
	43	20	20	22,5	22,5	26	26	30	30	35	35	38	38	42,5	42,5	44	48	60	60	70	75	75	82,5
	44	12	13	14	15	16	18	20	22	24	26	28	30	32	34	36	38	40	42	45	48	52	56
	45	6	6	8	8	10	10	12	12	14	14	15	15	16	16	18	18	20	21	22	24	26	28
	46	19	20	21,5	24	27	30,5	33	36	38	42	45	48	50	53	57	59	61,5	62	62,5	73	85	91
	47	30	30	36	36	45	45	50	50	58	58	64	64	70	70	75	75	80	108	115	120	120	136
	48	12	12	15	15	18	18	20	20	23	23	25	25	28	28	30	30	32	35	38	40	40	45
	49	50	56	62	70	78	88	95	104	112	120	128	135	142	150	160	168	176	190	204	220	235	250
Chapeaux	50	13	13	16	16	20,5	20	24,5	25		28	32	32	35	35	38	38	41	41	41	44	48	48
	51	12	14	16	18	20	22	24	26	28	30	32	34	36	38	40	42	44	46	48	50	52	55
	52	3	3	4	4	5	5	5	5	6	6	7	7	8	8	9	9	10	10	11	11	12	12
	53	11	12	13	14	16	18	20	22	24	26	28	30	32	34	36	38	40	42	44	46	48	50
	54	10	10	12	12	15	15	18	18	20	20	23	23	25	25	28	28	30	30	30	32	35	35
	55	24	24	26	26	35	38	42	42	48	48	54	54	60	60	65	65	70	70	70	72	78	78
	56	Un seul boulon																75	91	102	107	115	
	57	78	85	100	106	124	132	146	152	170	178	194	202	214	222	234	240	254	288	290	308	328	345
	58	5	6	7	7	8	9	9	10	10	11	11	12	12	14	14	16	16	16	18	20	20	20
Bains d'huile		5,5	5,5	6	5,5	7	7,5	7	7,5	8	8,5	8	8,5	9	9,5	9	9,5	10	10	11	11	12	12

Imp. [illegible] de la Société des [illegible] Arts & Métiers

Derry & C.ᵉ, [illegible] Rue de la [illegible] Paris

SÉRIES OU ÉLÉMENTS PROPORTIONNELS DE CONSTRUCTION

PALIERS GRAISSEURS

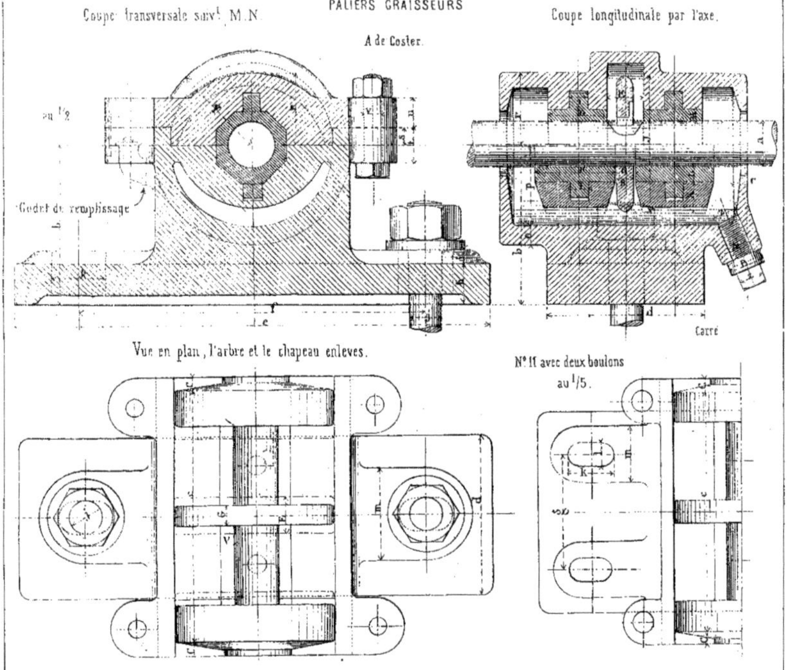

NOTA : L'huile remonte par son adhérence avec la rondelle, retombe sur l'arbre et passe à l'intérieur des coussinets par une rigole.

N°	a	b	c	d	e	f	g	h	i	j	k	l	m	n	o	p	q	r
1	20	70	100	70	205	150		18	6	15	24	17	40	70	7	45	41	31
2	25	90	150	100	250	180		20	8	20	30	24	50	90	9	60	52	40
3	30	100	175	110	280	215		23	10	20	30	24	50	124	9	77	73	42
4	35	125	180	110	330	240		26	10	23	42	27	60	126	10	85	74	50
5	40	125	200	120	380	270		28	10	23	45	27	60	136	12	94	75	55
6	45	125	200	130	380	280		29	10	23	45	27	60	145	10	96	82	60
7	50	130	200	150	400	300		30	10	25	50	29	60	140	15	100	89	64
8	55	140	220	160	400	300		30	10	25	50	23	60	150	12	103	89	65
9	60	150	260	160	400	300		32	10	30	50	34	70	147	14	104	90	70
10	70	195	260	160	400	300		33	10	30	50	34	70	160	11	111	104	80
11	80	160	260	220	450	330	130	35	10	23	50	27	60	158	14	115	104	80
12	90	170	260	220	500	380	130	40	10	23	50	27	60	188	14	120	113	88
13	100	190	260	220	500	380	130	40	10	23	50	27	60	190	11	115	115	94
14	110	200	300	220	500	400	130	45	10	25	50	29	70	188	17	142	120	98
15	120	215	320	230	540	415	130	45	12	25	60	32	75	220	18	155	136	105
16	135	230	370	250	580	455	130	50	15	30	60	34	80	240	20	172	150	115
17	150	250	400	270	650	500	140	55	15	28	70	40	100	190	20	195	185	145

(colonne g : un seul boulon)

N°	s	t	u	v	x	y	z	A	B	C	D	E	F	G	H	I	J	K	L	M	N
1	8	16	13	8	105	25	10	20	16	6	26	15	35	10	7	8	60	15	7	5	6
2	12	23	17	10	135	30	15	30	25	8	36	25	50	10	8	11	80	18	9	6	7.5
3	14	23	18	15	166	35	15	35	30	10	45	28	58	15	12	10	110	20	9	7	8
4	15	26	22	15	173	35	20	40	35	12	48	30	60	18	15	10	110	22	11	7	9
5	18	30	25	15	203	40	20	40	35	12	50	30	62	18	15	12	120	24	11	7	9
6	18	30	25	15	203	40	20	40	35	12	48	34	65	18	15	12	130	25	11	7	9
7	20	30	25	15	208	40	20	40	35	14	50	36	65	18	15	15	138	25	12	7	9.5
8	20	35	30	18	215	45	20	40	35	14	55	36	72	18	15	15	138	25	12	7	9.5
9	20	35	30	18	215	45	20	40	35	14	55	38	72	20	18	16	138	25	13	9	11
10	20	40	30	18	224	45	20	40	35	14	65	38	82	20	18	18	145	25	15	10	12.5
11	20	40	30	20	221	50	20	40	35	15	70	40	85	25	20	20	145	28	15	10	12.5
12	20	40	42	20	254	50	20	40	35	15	65	42	88	25	20	20	180	28	15	11	13
13	22	42	30	20	258	50	20	40	35	12	26	40	92	23	20	20	180	26	16	12	14
14	25	45	35	20	266	50	20	40	35	14	90	45	110	25	20	20	180	29	19	12	15.5
15	25	48	35	20	300	55	20	40	35	16	30	50	120	25	20	20	200	32	19	12	15.5
16	30	50	40	23	330	60	20	40	35	17	100	60	135	25	20	25	280	39	20	13	16.5
17	30	55	45	25	382	60	20	40	35	17	110	65	180	25	30	25	280	41	20	13	15.5

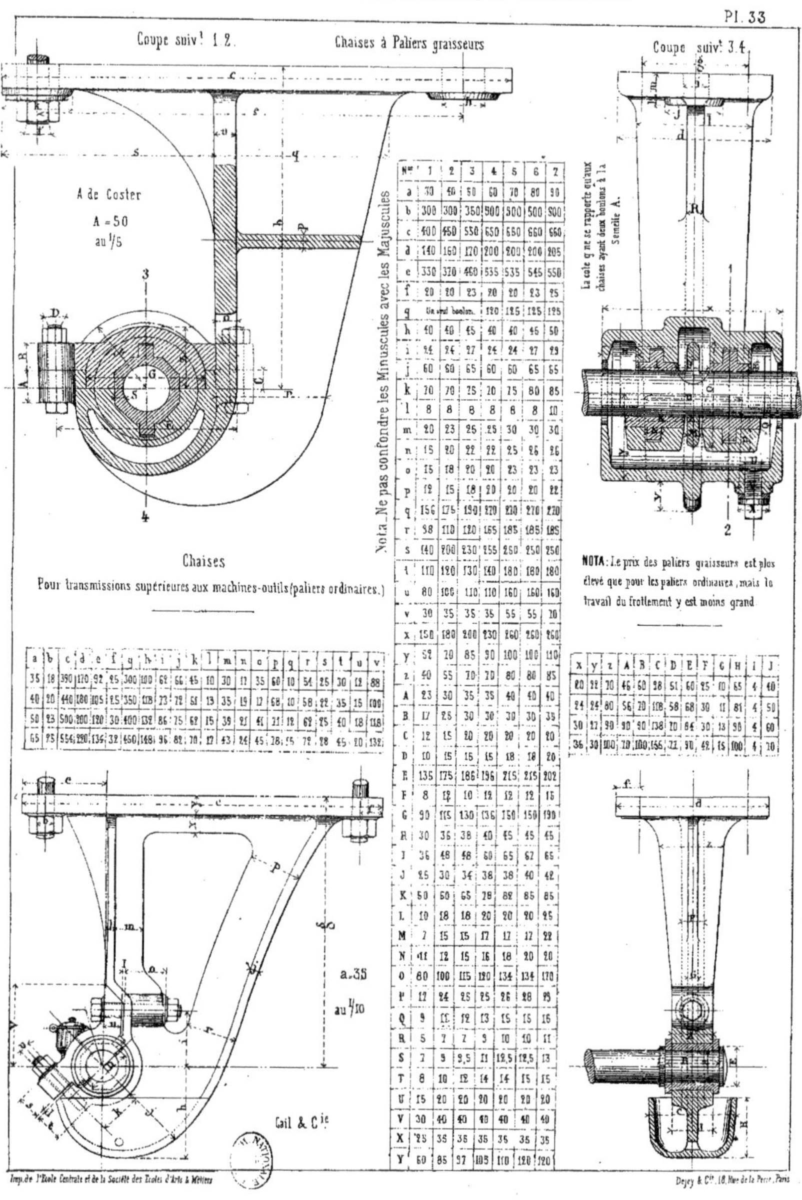

N°	1	2	3	4	5	6	7
a	30	40	50	60	70	80	90
b	300	300	350	500	500	500	500
c	400	450	550	650	650	660	660
d	140	160	170	200	200	200	205
e	330	370	460	535	535	545	550
f	20	20	23	20	20	23	25
g	Un seul boulon.			120	125	125	125
h	40	40	45	40	40	45	50
i	24	24	27	24	24	27	29
j	60	60	65	60	60	65	65
k	70	70	75	70	75	80	85
l	8	8	8	8	8	8	10
m	20	23	25	25	30	30	30
n	15	20	22	22	25	26	26
o	15	18	20	20	23	23	23
p	12	15	18	20	20	20	22
q	156	175	190	270	270	270	270
r	98	110	120	165	185	185	185
s	140	200	230	255	250	250	250
t	110	120	130	140	180	180	180
u	80	100	110	110	160	160	160
v	30	35	35	35	55	55	70
x	150	180	200	230	260	260	260
y	55	70	85	90	100	100	110
z	40	55	70	70	80	80	85
A	23	30	35	35	40	40	40
B	17	25	30	30	30	30	35
C	12	15	20	20	20	20	20
D	10	15	15	15	18	18	20
E	135	175	186	196	215	215	202
F	8	12	10	12	12	12	15
G	90	115	130	136	150	150	190
H	30	36	38	40	45	45	45
I	36	48	48	60	65	62	65
J	25	30	34	38	38	40	42
K	50	60	65	78	82	85	85
L	10	18	18	20	20	20	25
M	7	15	15	17	17	17	22
N	11	12	15	16	18	20	20
O	80	100	115	120	134	134	170
P	12	24	25	25	26	28	29
Q	9	12	12	13	15	15	16
R	5	7	7	9	10	10	11
S	7	9	9,5	11	12,5	12,5	13
T	8	10	12	14	14	15	15
U	15	20	20	20	20	20	20
V	30	40	40	40	40	40	40
X	25	35	35	35	35	35	35
Y	60	85	97	105	110	120	120

NOTA: Le prix des paliers graisseurs est plus élevé que pour les paliers ordinaires, mais le travail du frottement y est moins grand.

a	b	c	d	e	f	g	h	i	j	k	l	m	n	o	p	q	r	s	t	u	v
35	18	390	170	92	25	300	100	62	66	45	10	30	11	35	60	10	54	25	30	12	88
40	20	440	180	105	25	350	118	73	72	51	13	35	19	17	68	10	58	22	35	15	100
50	23	500	200	120	30	400	132	86	75	62	15	39	21	41	11	12	62	25	40	18	118
65	75	550	220	135	32	650	148	96	82	70	17	43	24	45	28	15	72	28	45	20	132

x	y	z	A	B	C	D	E	F	G	H	I	J
20	22	70	46	60	28	51	60	25	70	65	4	40
24	24	80	56	70	118	58	68	30	11	81	4	50
30	27	90	90	90	138	70	86	30	13	95	4	60
36	30	100	70	100	155	77	90	42	15	100	4	70

Imp. de l'École Centrale et de la Société des Écoles d'Arts & Métiers — Dejey & Cie, 18, Rue de la Perle, Paris.

Chaises d'applique

Les Chaises 1.2.3 recevront les Paliers de 40.45, 50.55 d'alésage
...... d° 4,5,6 .... 60,65, 70,75 .... d°
...... d° 7,8,9 .... 80,85, 90,95 .... d°
...... d°. 10.11 .... 100,105, 110.115 .... d°

On applique aux paliers de ces chaises, pour recevoir l'huile, les godets graisseurs de la série des paliers étroits.

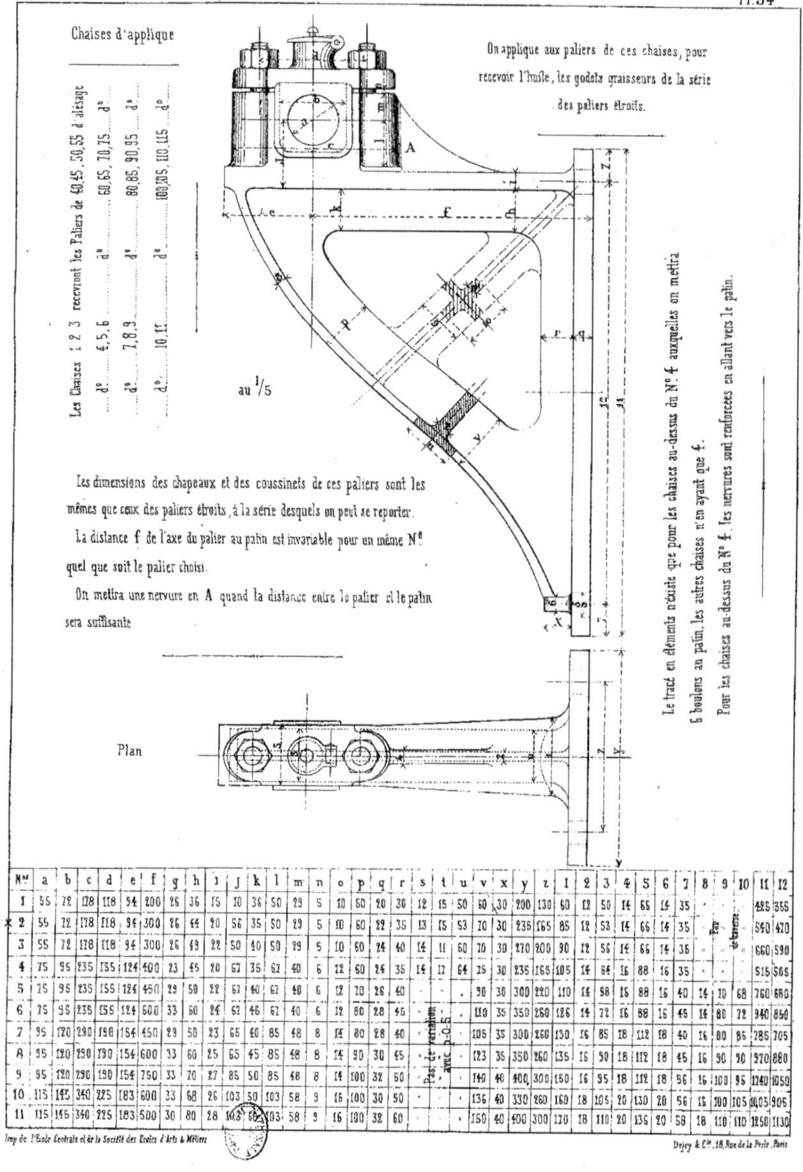

Les dimensions des chapeaux et des coussinets de ces paliers sont les mêmes que ceux des paliers étroits, à la série desquels on peut se reporter.

La distance f de l'axe du palier au patin est invariable pour un même N° quel que soit le palier choisi.

On mettra une nervure en A quand la distance entre le palier et le patin sera suffisante.

Le tracé en éléments n'existe que pour les chaises au-dessus du N° 4 auxquelles on mettra 6 boulons au patin, les autres chaises n'en ayant que 4.

Pour les chaises au-dessus du N° 4, les nervures sont renforcées en allant vers le patin.

N°	a	b	c	d	e	f	g	h	i	J	k	l	m	n	o	p	q	r	s	t	u	v	x	y	z	1	2	3	4	5	6	7	8	9	10	11	12
1	55	72	178	118	94	200	26	36	15	10	38	50	29	5	10	50	20	30	12	15	50	60	30	200	130	60	12	50	14	66	14	35				425	355
× 2	55	72	178	118	94	300	26	44	20	56	35	50	29	5	10	60	22	35	13	15	53	70	30	235	165	85	12	53	14	66	14	35				540	470
3	55	72	178	118	94	300	26	49	22	50	40	50	29	5	10	60	24	40	14	11	60	70	30	270	200	90	12	56	14	66	14	35				660	590
4	75	95	235	155	124	400	23	45	20	67	35	67	40	6	12	60	24	35	14	17	64	25	30	235	165	105	14	64	16	88	16	35				515	505
5	75	95	235	155	124	450	29	50	22	67	40	67	40	6	12	70	28	40				90	30	300	220	110	14	98	15	88	16	40	14	10	68	760	680
6	75	95	235	155	124	600	33	60	24	62	46	62	40	6	12	80	28	45				110	35	350	260	126	14	72	16	88	16	45	14	80	72	940	850
7	95	120	290	190	154	450	29	50	23	65	40	85	48	8	14	80	28	40				105	35	300	260	130	16	85	18	112	18	40	16	80	85	785	705
8	95	120	290	190	154	600	33	60	25	65	45	85	48	8	14	90	30	45				123	35	350	260	135	16	90	18	112	18	45	16	90	90	970	880
9	95	120	290	190	154	750	33	70	27	85	50	85	48	8	14	100	32	50				140	40	400	300	150	16	95	18	112	18	56	16	100	95	1240	1050
10	115	145	340	225	183	600	33	68	26	103	50	103	58	9	16	100	30	50				136	40	330	260	160	18	105	20	130	20	56	16	100	105	1005	905
11	115	145	340	225	183	500	30	80	28	103	62	103	58	9	16	100	32	60				150	40	400	300	170	18	110	20	136	20	58	18	110	110	1250	1130

(Colonnes s, t, u pour les N° 5 à 11 : « Pas de variation avec p=0.5 ». Colonnes 8, 9, 10 pour les N° 1 à 4 : paliers étroits.)

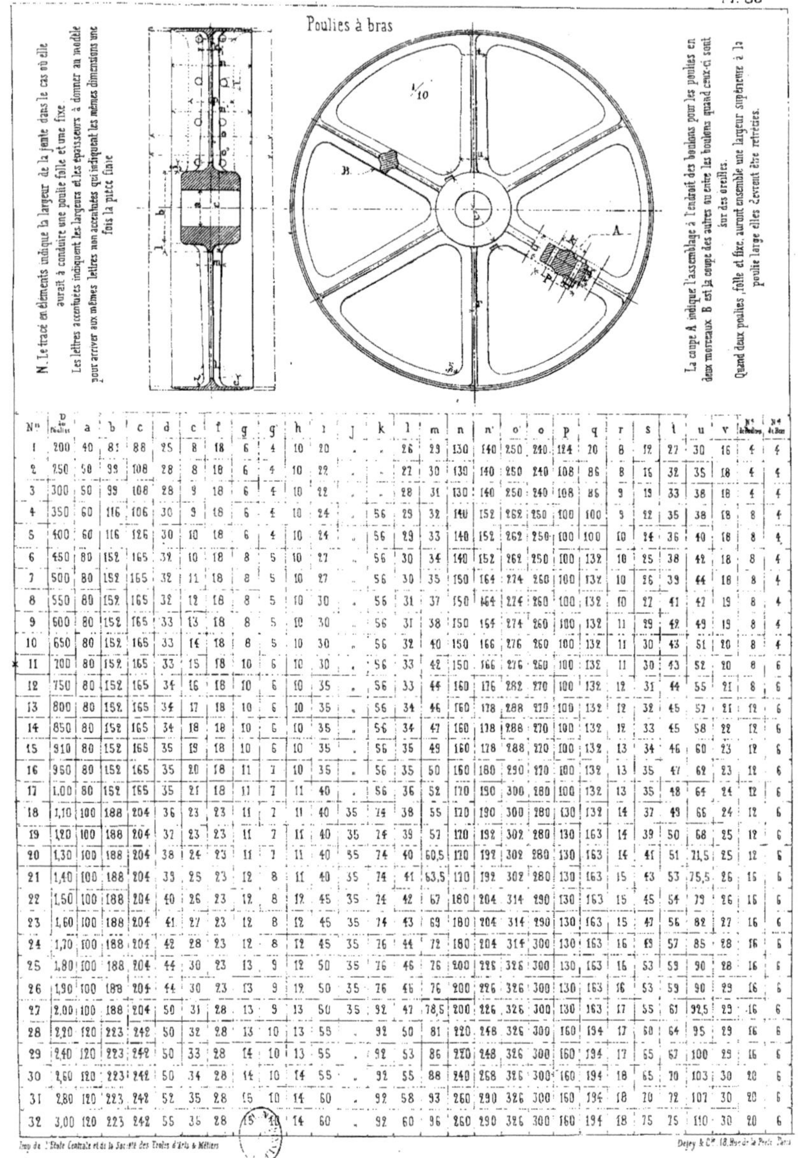

N. Le tracé en éléments indique la largeur de la jante dans le cas où elle aurait à conduire une poulie folle et une fixe.
Les lettres accentuées indiquent les largeurs et les épaisseurs à donner au modèle pour arriver aux mêmes lettres non accentuées qui indiquent les mêmes dimensions une fois la pièce finie.

La coupe A indique l'assemblage à l'endroit des boulons pour les poulies en deux morceaux B est la coupe des autres ou entre les boulons quand ceux-ci sont sur des oreilles.
Quand deux poulies, folle et fixe, auront ensemble une largeur supérieure à la poulie large elles devront être rétrécies.

N°	D de Poulie	a	b	c	d	e	f	g	g'	h	i	J	k	l	m	n	n'
1	200	40	81	88	25	8	18	6	4	10	20			26	29	130	140
2	250	50	99	108	28	8	18	6	4	10	22			27	30	130	140
3	300	50	99	108	28	9	18	6	4	10	22			28	31	130	140
4	350	60	116	106	30	9	18	6	4	10	24		56	29	32	140	152
5	400	60	116	126	30	10	18	6	4	10	24		56	29	33	140	152
6	450	80	152	165	32	10	18	8	5	10	27		56	30	34	140	152
7	500	80	152	165	32	11	18	8	5	10	27		56	30	35	150	164
8	550	80	152	165	32	12	18	8	5	10	30		56	31	37	150	164
9	600	80	152	165	33	13	18	8	5	10	30		56	31	38	150	164
10	650	80	152	165	33	14	18	8	5	10	30		56	32	40	150	166
11	700	80	152	165	33	15	18	10	6	10	30		56	33	42	150	166
12	750	80	152	165	34	16	18	10	6	10	35		56	33	44	160	176
13	800	80	152	165	34	17	18	10	6	10	35		56	34	46	160	178
14	850	80	152	165	34	18	18	10	6	10	35		56	34	47	160	178
15	910	80	152	165	35	19	18	10	6	10	35		56	35	49	160	178
16	950	80	152	165	35	20	18	11	7	10	35		56	35	50	160	180
17	1.00	80	152	165	35	21	18	11	7	11	40		56	36	52	170	190
18	1,10	100	188	204	36	23	23	11	7	11	40	35	74	38	55	170	190
19	1,20	100	188	204	37	23	23	11	7	11	40	35	74	39	57	170	192
20	1,30	100	188	204	38	24	23	11	7	11	40	35	74	40	60,5	170	192
21	1,40	100	188	204	39	25	23	12	8	11	40	35	74	41	63,5	170	192
22	1,50	100	188	204	40	26	23	12	8	12	45	35	74	42	67	180	204
23	1,60	100	188	204	41	27	23	12	8	12	45	35	74	43	69	180	204
24	1,70	100	188	204	42	28	23	12	8	12	45	35	76	44	72	180	204
25	1,80	100	188	204	44	30	23	13	9	12	50	35	76	46	76	200	228
26	1,90	100	188	204	44	30	23	13	9	12	50	35	76	46	76	200	226
27	2,00	100	188	204	50	31	28	13	9	13	50	35	92	47	78,5	200	226
28	2,20	120	223	242	50	32	28	13	10	13	55		92	50	81	220	248
29	2,40	120	223	242	50	33	28	14	10	13	55		92	53	86	220	248
30	2,60	120	223	242	50	34	28	14	10	14	55		92	55	88	240	268
31	2,80	120	223	242	52	35	28	15	10	14	60		92	58	93	260	290
32	3,00	120	223	242	55	36	28	15	11	14	60		92	60	96	260	290

N°	D de Poulie	o'	o	p	q	r	s	t	u	v	N° de bras	N° de Boulons
1	200	250	240	124	20	8	12	27	30	16	4	4
2	250	250	240	108	86	8	16	32	35	18	4	4
3	300	250	240	108	86	9	19	33	38	18	4	4
4	350	262	250	100	100	9	22	35	38	18	8	4
5	400	262	250	100	100	10	24	36	40	18	8	4
6	450	262	250	100	132	10	25	38	42	18	8	4
7	500	274	260	100	132	10	26	39	44	18	8	4
8	550	274	260	100	132	10	27	41	47	19	8	4
9	600	274	260	100	132	11	29	42	49	19	8	4
10	650	276	260	100	132	11	30	43	51	20	8	4
11	700	276	260	100	132	11	30	43	52	20	8	6
12	750	282	270	100	132	12	31	44	55	21	8	6
13	800	288	270	100	132	12	32	45	57	21	12	6
14	850	288	270	100	132	12	33	45	58	22	12	6
15	910	288	270	100	132	13	34	46	60	23	12	6
16	950	290	270	100	132	13	35	47	62	23	12	6
17	1.00	300	280	100	132	13	35	48	64	24	12	6
18	1,10	300	280	130	132	14	37	49	66	24	12	6
19	1,20	302	280	130	163	14	39	50	68	25	12	6
20	1,30	302	280	130	163	14	41	51	71,5	25	12	6
21	1,40	302	280	130	163	15	43	53	75,5	26	15	6
22	1,50	314	290	130	163	15	45	54	79	26	16	6
23	1,60	314	290	130	163	15	47	56	82	27	16	6
24	1,70	314	300	130	163	16	49	57	85	28	16	6
25	1,80	326	300	130	163	15	53	59	90	28	16	6
26	1,90	326	300	130	163	16	53	59	90	29	16	6
27	2,00	326	300	130	163	17	55	61	92,5	29	16	6
28	2,20	326	300	160	194	17	60	64	95	29	16	6
29	2,40	326	300	160	194	17	65	67	100	29	16	6
30	2,60	326	300	160	194	18	65	70	103	30	20	6
31	2,80	326	300	160	194	18	70	72	107	30	20	6
32	3,00	326	300	160	194	18	75	75	110	30	20	6

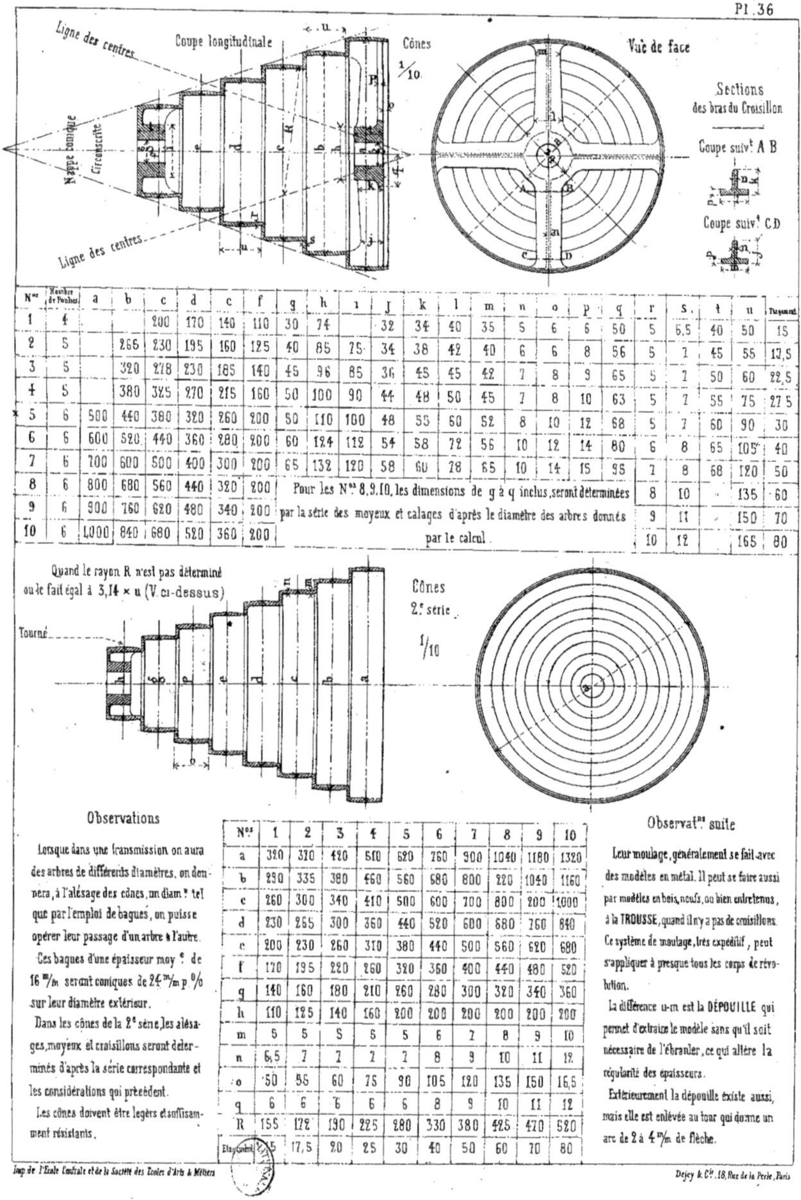

N°s	Nombre de Poulies	a	b	c	d	c	f	q	h	1	J	k	l	m	n	o	p	q	r	s	t	u	Tangente
1	4			200	170	140	110	30	74		32	34	40	35	5	6	6	50	5	6,5	40	50	15
2	5		265	230	195	160	125	40	85	75	34	38	42	40	6	6	8	56	5	7	45	55	12,5
3	5		320	278	230	185	140	45	96	85	36	45	45	42	7	8	9	65	5	7	50	60	22,5
4	5		380	325	270	215	160	50	100	90	44	48	50	45	7	8	10	63	5	7	55	75	27,5
5	6	500	440	380	320	260	200	50	110	100	48	55	60	52	8	10	12	68	5	7	60	90	30
6	6	600	520	440	360	280	200	60	124	112	54	58	72	56	10	12	14	80	6	8	65	105	40
7	6	700	600	500	400	300	200	65	132	120	58	60	78	65	10	14	15	95	7	8	68	120	50
8	6	800	680	560	440	320	200												8	10		135	60
9	6	900	760	620	480	340	200												9	11		150	70
10	6	1,000	840	680	520	360	200												10	12		165	80

Pour les N°s 8.9.10, les dimensions de g à q inclus, seront déterminées par la série des moyeux et calages d'après le diamètre des arbres donnés par le calcul.

Observations

Lorsque dans une transmission on aura des arbres de différents diamètres, on donnera, à l'alésage des cônes, un diam.t tel que par l'emploi de bagues, on puisse opérer leur passage d'un arbre à l'autre.

Ces bagues d'une épaisseur moy.e de 16 m/m seront coniques de 24 m/m p % sur leur diamètre extérieur.

Dans les cônes de la 2.e série, les alésages, moyeux et croisillons seront déterminés d'après la série correspondante et les considérations qui précèdent.

Les cônes doivent être légers et suffisamment résistants.

N°s	1	2	3	4	5	6	7	8	9	10
a	320	370	420	510	620	760	900	1040	1180	1320
b	290	335	380	460	560	680	800	220	1040	1160
c	260	300	340	410	500	600	700	800	200	1000
d	230	265	300	360	440	520	600	680	760	840
c	200	230	260	310	380	440	500	560	620	680
f	170	195	220	260	320	360	400	440	480	520
q	140	160	180	210	260	280	300	320	340	360
h	110	125	140	160	200	200	200	200	200	200
m	5	5	S	5	5	6	7	8	9	10
n	6,5	7	7	7	7	8	9	10	11	12
o	50	55	60	75	90	105	120	135	150	16,5
q	6	6	6	6	6	8	9	10	11	12
R	155	172	190	225	280	330	380	425	470	520
Étançonn.t	15	17,5	20	25	30	40	50	60	70	80

Observat.n suite

Leur moulage, généralement se fait avec des modèles en métal. Il peut se faire aussi par modèles en bois, neufs, ou bien entretenus, à la TROUSSE, quand il n'y a pas de croisillons. Ce système de moulage, très expéditif, peut s'appliquer à presque tous les corps de révolution.

La différence u-m est la DÉPOUILLE qui permet d'extraire le modèle sans qu'il soit nécessaire de l'ébranler, ce qui altère la régularité des épaisseurs.

Extérieurement la dépouille existe aussi, mais elle est enlevée au tour qui donne un arc de 2 à 4 m/m de flèche.

Tableau se rapportant aux deux sections de la jante.

Numéros	Diamètre des Volants	Section ordinaire de la Jante			Section de la jante à l'assemblage			Poids de la jante	Poids du Volant
		a	b	c	d	e	f		
1	3000	131	62	156	110	25	15	850	
2	3500	142	65	172	120	25	18	1320	
3	4000	151	68	185	125	28	22	1720	2156
4	4500	160	72	196	140	28	22	2230	2325
5	5000	165	72	208	148	30	24	2830	4375
6	5500	176	72	208	156	32	24	3500	
7	6000	185	80	230	165	35	24	4200	

Tableau se rapportant aux deux Sections du bras.

Numéros	Sections des bras								Nombre de bras
	a	b	c	d	e	f	g	h	
1	30	24	90	122	30	24	64	90	6
2	32	26	105	146	32	26	73	104	6
3	35	28	115	155	35	28	85	118	6
4	38	30	125	172	38	30	95	122	8
5	40	32	135	180	40	32	111	125	8
6	44	34	145	195	44	34	115	130	8
7	48	36	155	205	48	36	115	132	8

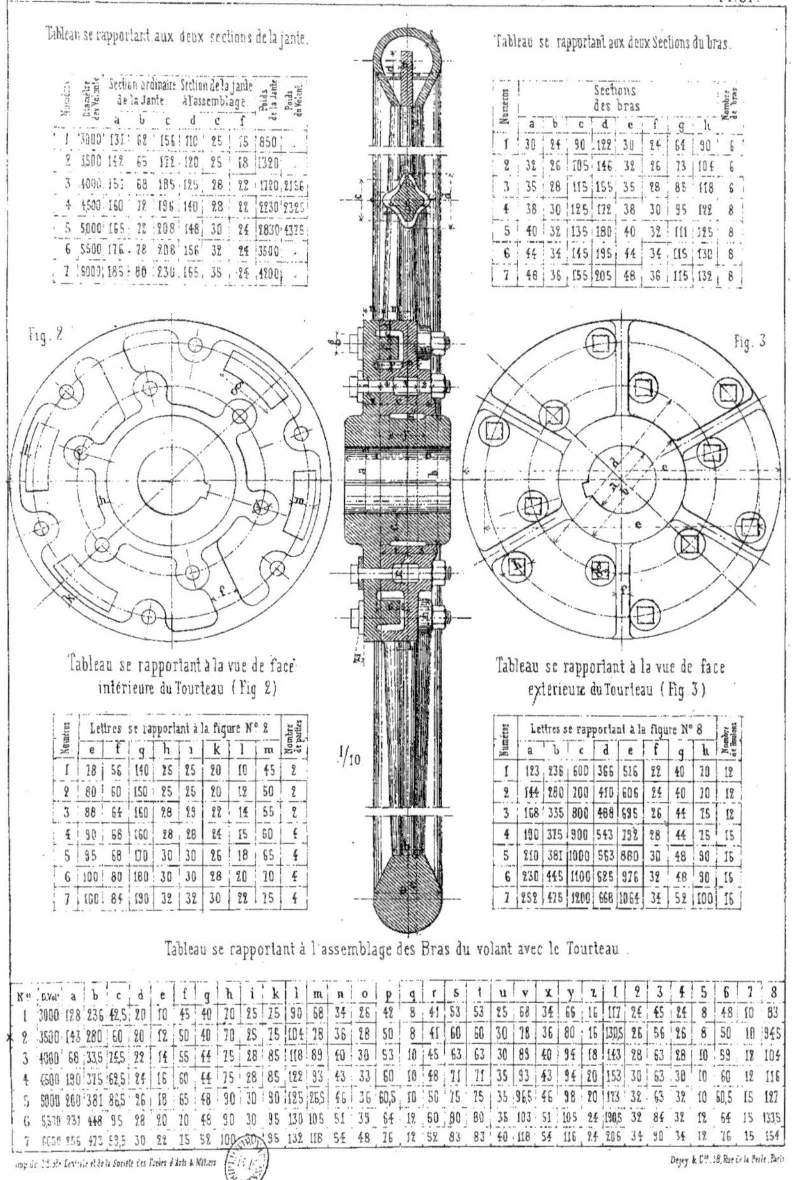

Tableau se rapportant à la vue de face intérieure du Tourteau (Fig 2)

Numéros	Lettres se rapportant à la figure N° 2								Nombre de parties
	e	f	g	h	i	k	l	m	
1	78	56	140	25	25	20	10	45	2
2	80	60	150	25	25	20	12	50	2
3	88	64	160	28	23	22	14	55	2
4	90	66	160	28	28	24	15	60	4
5	95	68	170	30	30	26	18	65	4
6	100	80	180	30	30	28	20	70	4
7	100	84	190	32	32	30	22	75	4

Tableau se rapportant à la vue de face extérieure du Tourteau (Fig 3)

Numéros	Lettres se rapportant à la figure N° 8								Nombre et Boulons
	a	b	c	d	e	f	g	h	
1	123	236	600	366	516	22	40	70	12
2	144	280	700	410	606	24	40	70	12
3	168	335	800	488	695	26	44	75	12
4	190	375	900	543	792	28	44	75	15
5	210	381	1000	563	860	30	48	90	16
6	230	445	1100	625	976	32	48	90	16
7	252	475	1200	668	1064	34	52	100	16

Tableau se rapportant à l'assemblage des Bras du volant avec le Tourteau.

N°	D.Vol	a	b	c	d	e	f	g	h	i	k	l	m	n	o	p	q	r	s	t	u	v	x	y	z	1	2	3	4	5	6	7	8
1	3000	128	236	42,5	20	10	45	40	70	25	15	90	68	34	26	42	8	41	53	53	25	68	34	66	16	117	24	45	24	8	48	10	83
2	3500	143	280	50	20	12	50	40	70	25	75	104	78	36	28	50	8	41	60	60	30	78	36	80	16	130,5	26	56	26	8	50	10	94,5
3	4000	66	335	75,5	22	14	55	44	75	28	85	118	89	40	30	53	10	45	63	63	30	85	40	94	18	143	28	63	28	10	59	12	104
4	4500	190	375	62,5	24	16	60	44	75	28	85	122	93	43	33	60	10	48	71	71	35	93	43	94	20	153	30	63	30	10	60	12	116
5	5000	260	381	86,5	26	18	65	48	90	30	90	125	105	46	36	60,5	10	50	75	75	35	96,5	46	98	20	173	32	63	32	10	60,5	15	127
6	5500	231	448	95	28	20	70	49	90	30	95	130	105	51	35	64	12	60	80	80	35	103	51	105	24	1905	32	84	32	12	64	15	1335
7	6000	256	473	59,5	30	22	15	52	100	180	95	132	116	54	48	76	12	52	83	83	40	118	54	116	24	206	34	90	34	12	76	15	154

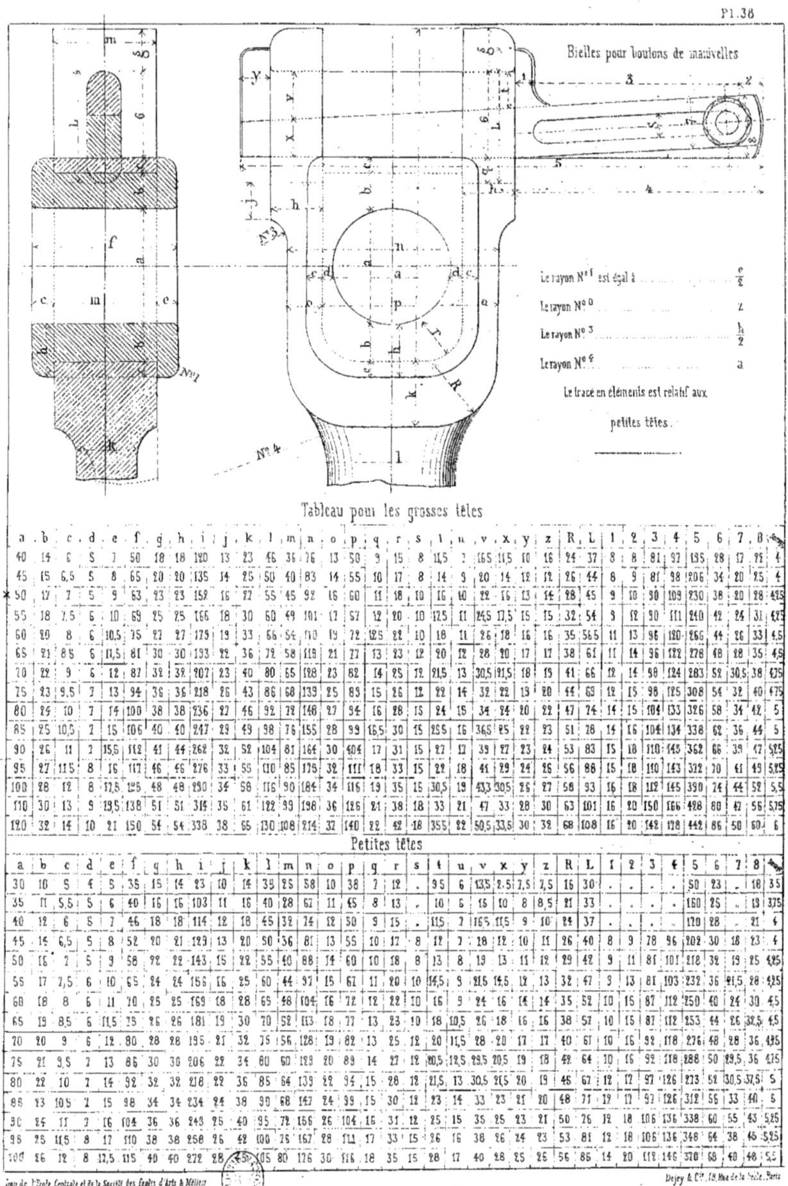

Le rayon N° 1 est égal à e/8

Le rayon N° 0 .... z

Le rayon N° 3 .... h/2

Le rayon N° 4 .... a

Le tracé en éléments est relatif aux petites têtes.

Tableau pour les grosses têtes

a	b	c	d	e	f	g	h	i	j	k	l	m	n	o	p	q	r	s	t	u	v	x	y	z	R	L	1	2	3	4	5	6	7	8	9
40	14	6	5	7	50	18	18	120	13	23	46	36	76	13	50	9	15	8	11,5	2	16,5	11,5	10	16	24	37	8	8	81	97	135	28	17	22	4
45	15	6,5	5	8	65	20	20	135	14	25	50	40	83	14	55	10	17	8	14	9	20	14	12	12	26	44	8	9	81	98	206	34	20	25	4
50	17	7	5	9	63	23	23	159	16	22	55	45	92	16	60	11	18	10	16	10	22	16	13	14	28	45	9	10	90	109	230	38	20	28	4,25
55	18	7,5	6	10	69	25	25	166	18	30	60	49	101	17	67	12	20	10	12,5	11	24,5	17,5	15	15	32	54	9	12	90	111	240	42	24	31	4,25
60	20	8	6	10,5	75	27	27	179	19	33	66	54	110	19	72	12,5	22	10	18	11	26	18	16	16	35	56,5	11	13	96	120	266	44	26	33	4,5
65	21	8,5	6	11,5	81	30	30	193	22	36	72	58	119	21	77	13	23	12	20	12	28	20	17	17	38	61	11	14	96	122	278	48	28	35	4,5
70	22	9	6	12	87	32	32	207	23	40	80	65	128	23	82	14	25	12	21,5	13	30,5	21,5	18	19	41	66	12	14	98	124	283	52	30,5	38	4,75
75	23	9,5	7	13	94	36	36	218	26	43	86	68	139	25	83	15	26	12	22	14	32	22	19	20	44	69	12	15	98	125	308	54	32	40	4,75
80	24	10	7	14	100	38	38	236	22	46	92	72	148	27	94	16	28	15	24	15	34	24	20	22	47	74	14	15	104	133	326	58	34	42	5
85	25	10,5	7	15	106	40	40	247	29	49	98	76	155	28	99	16,5	30	15	25,5	16	36,5	25	22	23	51	78	14	16	104	134	338	62	36	44	5
90	26	11	7	15,5	112	41	44	262	32	52	104	81	164	30	104	17	31	15	27	17	39	27	23	24	53	83	15	18	110	143	362	66	39	47	5,25
95	27	11,5	8	16	117	46	46	276	33	55	110	85	175	32	111	18	33	15	22	18	41	29	24	26	56	88	15	18	110	143	372	70	41	49	5,25
100	28	12	8	17,5	125	48	48	290	34	58	116	90	184	34	116	19	35	15	30,5	19	43,5	30,5	26	27	58	93	16	18	112	145	390	74	44	52	5,5
110	30	13	9	19,5	138	51	51	314	35	61	122	99	198	36	126	21	38	18	33	21	47	33	28	30	63	101	16	20	150	166	428	80	47	56	5,75
120	32	14	10	21	150	54	54	338	38	65	130	108	214	37	140	22	42	18	35,5	22	50,5	33,5	30	32	68	108	16	20	142	178	442	86	50	60	6

Petites têtes

a	b	c	d	e	f	g	h	i	j	k	l	m	n	o	p	q	r	s	t	u	v	x	y	z	R	L	1	2	3	4	5	6	7	8	9
30	10	5	4	5	35	15	14	23	10	14	35	25	58	10	38	7	12	.	9,5	6	13,5	2,5	7,5	7,5	16	30	.	.	.	.	50	23	.	18	3,5
35	11	5,5	5	6	40	16	16	103	11	16	40	28	67	11	45	8	13	.	10	6	15	10	8	8,5	21	33	.	.	.	.	160	25	.	13	3,75
40	12	6	5	7	46	18	18	114	12	18	45	32	74	12	50	9	15	.	11,5	7	16,5	11,5	9	10	24	37	.	.	.	.	170	28	.	21	4
45	14	6,5	5	8	52	20	21	129	13	20	50	36	81	13	55	10	17	8	12	7	18	12	10	11	26	40	8	9	78	96	202	30	18	23	4
50	16	7	5	9	58	22	22	143	15	22	55	40	88	14	60	10	18	8	13	8	19	13	11	12	29	42	9	11	81	101	218	32	19	25	4,25
55	17	7,5	6	10	65	24	24	156	16	25	60	44	97	15	67	11	20	10	14,5	9	21,5	14,5	12	13	32	47	9	13	81	103	232	36	21,5	28	4,25
60	18	8	6	11	70	25	25	169	18	28	65	48	104	16	72	12	22	10	16	9	24	16	14	14	35	52	10	15	87	112	250	40	24	30	4,5
65	19	8,5	6	11,5	75	26	26	181	19	30	70	52	113	18	77	13	23	10	18	10,5	26	18	16	16	38	57	10	15	87	112	253	44	26	32,5	4,5
70	20	9	6	12	80	28	28	195	21	32	75	56	128	19	82	13	25	12	20	11,5	28	20	17	17	40	67	10	16	92	118	276	48	28	36	4,75
75	21	9,5	7	13	86	30	30	206	22	34	80	60	133	20	89	14	27	12	20,5	12,5	23,5	20,5	19	18	42	64	10	16	92	118	288	50	29,5	36	4,75
80	22	10	7	14	92	32	32	218	22	36	85	64	139	22	94	15	28	18	21,5	13	30,5	21,5	20	19	45	67	12	17	97	126	273	52	30,5	37,5	5
85	23	10,5	7	15	98	34	34	234	24	38	90	68	147	24	99	15	30	12	23	14	33	23	21	20	48	71	12	17	97	126	312	56	33	40	5
90	24	11	7	16	104	36	36	243	25	40	95	72	156	26	104	16	31	12	25	15	35	25	23	21	50	76	12	18	106	136	338	60	55	43	5,25
95	25	11,5	8	17	110	38	38	258	26	42	100	76	167	28	111	17	33	15	26	16	38	26	24	23	53	81	12	18	106	136	348	64	38	45	5,25
100	26	12	8	17,5	115	40	40	272	28	45	105	80	176	30	116	18	35	15	28	17	40	28	25	25	56	86	14	20	118	146	370	68	40	48	5,5

9 782014 106640